冰河时代

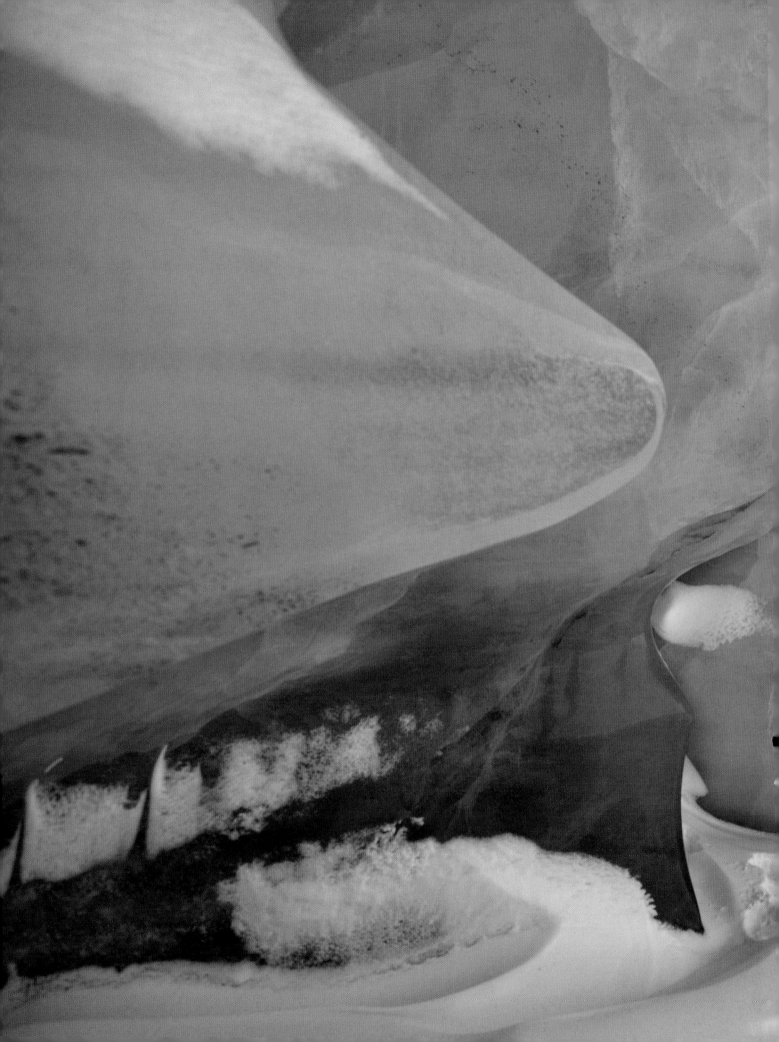

DK
冰河时代

英国DK公司 编著
叶明霞 赵娟 译

北京出版集团
北京出版社

Original Title: Ice: Chilling Stories from a Disappearing World
Copyright©Dorling Kindersley Limited, 2019
A Penguin Random House Company

图书在版编目（CIP）数据

冰河时代 / 英国 DK 公司编著 ；叶明霞，赵娟译. —
北京 ：北京出版社，2021.5
书名原文：Ice：Chilling Stories From A
Disappearing World
ISBN 978-7-200-16421-3

Ⅰ．①冰… Ⅱ．①英… ②叶… ③赵… Ⅲ．①冰川地
质学—青少年读物 Ⅳ．① P512.4-49

中国版本图书馆 CIP 数据核字（2021）第 059497 号
版权合同登记号　图字：01-2021-0345
审图号：GS（2021）1116 号

冰河时代
BINGHE SHIDAI
英国 DK 公司 编著
叶明霞 赵 娟 译
*
北 京 出 版 集 团 出版
北 京 出 版 社
（北京北三环中路6号）
邮政编码：100120
网　址：www.bph.com.cn
北 京 出 版 集 团 总 发 行
新 华 书 店 经 销
当纳利（广东）印务有限公司印刷
*
216 毫米 × 276 毫米　16 开本　10 印张　150 千字
2021 年 5 月第 1 版　2021 年 5 月第 1 次印刷
ISBN 978-7-200-16421-3
定价：158.00 元
如有印装质量问题，由本社负责调换
质量监督电话：010-58572393
责任编辑电话：010-58572346
责任编辑：魏可
责任印制：刘文豪

For the curious
www.dk.com

目录

冰上的动物　67

动物的有关信息

　　每只动物的档案中都包含了框内显示的所有信息。

分布区域/栖息地
动物的分布区域/栖息地

身高/体长
动物的高度/长度，尾巴除外

体重
动物的重量

保护级别
来自世界自然保护联盟（IUCN）濒危物种红色名录，
显示了动物在全球范围的濒危等级

前言

　　冰冻地区是地球上为数不多的、真正的野生环境。由于极端天气和不适于生命生存的极端环境，它们是世界上最后一片尚未得到完全探索的净土。格陵兰岛和南极洲的大冰原是地球上最少有生气的地方，但当冬天失去对这片土地的控制时，积雪的融化预示着这里随时可能迸发生机。

　　在北极，随着植物竞相开花并结出种子，融化的冻原开始变得多姿多彩、生机勃勃。北美驯鹿和麝牛在这里大快朵颐，而成群的北极狼注视着它们的一举一动，也在等待奔赴一场盛宴。成群的鸟儿从温暖地区向北飞来，聚集在一起产卵、哺育幼鸟。

　　在海面浮冰之下，依然充满了生命。大量的浮游生物为巨大的鱼群提供食物，也因此吸引着以鱼为食的海豹、鲸和多种海鸟。南极海域聚集着成群的磷虾，它们被鲸、海豹和企鹅捕获。在北极，北极熊在浮冰上徘徊，寻找并捕食海豹。北极狐经常跟随其后，希望能享用它们吃剩下的东西。

　　全世界的山脉都有类似的寒冷气候，这使得动植物的生活变得十分艰难。最高的山峰上布满了荒芜的岩石和

冰雪，较低的山坡上是草甸。强壮而脚步稳健的动物以草为食，比如山羊，它们被雪豹等猎人跟踪，而较小的动物则成为猛禽的攻击目标。

　　人们在极地的一些地方生活了很久，以打猎、钓鱼和放牧为生。然而，世界正在发生变化，尤其是全球各地人们的生活方式正在对气候造成影响。曾经全年冰冻的极地海洋现在到了夏天则变成了开阔的水域，冰川正在融化，冰封的景观正在慢慢消失。像北极熊这样的动物，生存正面临巨大的挑战。我们希望这本书能激励你们去助力拯救这个冰冻的世界，就像我们正在做的一样。

演员、节目主持人、摄影家　戈登·布坎南

野生动物摄制组冒险去探索冰冷的野外世界，并向我们揭示那里的秘密。摄影家戈登·布坎南在皮艇上有幸拍摄到一对海象

冰柱落下时可
能会有致命的危险

冰柱

当滴水冻结呈长刺状时，冰柱就形成了。它们通常形成于阴凉处，比如屋檐下。因为在那里，从阳光明媚的屋顶上落下的融水会重新冻结。

▲ 冰山是在海里漂浮的巨大冰块

▲ 冰川是从山上流下来的、缓慢流动的"河流"

冰是什么

当温度降至0℃时，液态水凝结成固态冰。冰覆盖约10%的地球表面，主要分布在山脉和两极。极地海洋上的冰就像一层毯子，有助于维持冰面下海水的温度。

冰雹

积雨云里产生的小而坚硬的冰粒落下来形成冰雹。当强大的气流在云层中裹挟着冰粒上上下下多次翻腾时，就会出现这种天气现象。当冰粒不断增大，变得十分沉重时，冰雹就形成了。强风暴甚至可以产生网球大小的冰雹。

固态冰

冰之所以能漂浮是因为它比液态水轻（密度较小）。当水结冰时，分子以六边形的方式连接在一起。这比液态水所占空间更多，密度也因此而更低。

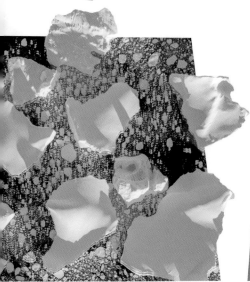

▲ 浮冰下的水比冰本身的温度要高，因此水生动物在冬天能够得以生存

▲ 当冰在阳光下融化时，不同的形态自然而然就形成了

▲ 冰在融化时会吸收热量，所以饮料中的冰块能从液体中吸收热量并使其冷却

史前时期

纵观历史，当地表被大面积冰层覆盖时，地球经历了漫长的发展过程。生命适应了冰河时代并生存下来，而最后一个冰河时代在距今一万年前才刚刚结束。

"雪球地球"时期

许多科学家认为，地球历史上最寒冷的时期发生在距今大约7.2亿年前至6.35亿年前。来自岩石的证据表明，地球曾出现过两个极寒时期，整个地球从赤道到两极都被冰层覆盖，形成深度冰冻状态。这两个时期也被称为"雪球地球"时期。在"雪球地球"时期，陆地表面的生命全部灭绝，但海冰下的微生物幸存了下来。不久，一种全新而复杂的生命形式出现了。

最后一个冰河时代

在距今2.3万年前，最后一次冰河时代的高峰期，极地冰原几乎覆盖了加拿大和北欧的所有地区。那时候海平面比现在低，海岸线也与今天不同。

冰河时代

在历史发展的长河中，曾经出现全球气候变冷、大片地区被巨大冰层覆盖的时期，这也被称为冰河时代，地球至少经历了五个类似这样的时期。冰河时代已经延续了数百万年，但每个冰川周期都有较冷和较暖的时期。我们所处的冰河时期，在距今2.3万年前，冰原厚度已经到达极限，但目前已经进入一个相对温暖的时期。

在最后一个冰河时代，斯堪的纳维亚半岛和大多数英国岛屿都被冰层覆盖

现在

现如今，我们生活在一个叫作间冰期的相对温暖的时期。间冰期大约从1万年前开始出现，在此期间，尽管极地冰原已经消退，但仍有大片冰原覆盖格陵兰岛和南极洲。

生活在冰河时代

在冰河时代，北极冰原向南蔓延至欧亚大陆北部和北美洲。而冰原的南边，有大片的无冰草原，是野牛、野马和猛犸象赖以生存的地方。人类猎杀这些动物，用兽皮制作衣服，用骨头和象牙制作工具和帐篷。

猛犸象骨帐篷

在开阔的草原上，尽管夏天温暖干燥，但冬天有可能会非常寒冷。由于平原上几乎没有树木生长，为了生存，人类用猛犸象的骨头和象牙代替木材搭建帐篷，用来遮风挡雨。

巨大而弯曲的猛犸象牙用来搭建屋顶、做成屋门

用猛犸象下颌骨搭建成稳固的框架，上面覆盖动物毛皮，以防风雨侵袭

猛犸象猎人

1965年，在乌克兰首都基辅附近的梅日里奇，一位农民发现了四个猛犸象骨帐篷的遗迹，这些帐篷由冰河时代的猎人建造，至少用掉了149头猛犸象的骨头和象牙。其中一部分可能是自然死亡的猛犸象遗骸，其余可能来自被猎杀的猛犸象。

猎人们除了用骨头做帐篷外，还用它来制作工具。猎人狩猎用的武器就是通过一次又一次撞击石头，敲掉（猛犸象骨上）锋利的锯齿边缘而制造出来的

这些猛犸象骨帐篷已有1.45万年的历史，是已知最早的人类居所之一。

大概在猛犸象骨帐篷盛行了3000年以后，全球气候发生巨变，冰河时代宣告终结。

一个时代的终结

这座猛犸象骨帐篷是复建的，原本的建筑在几千年前就塌了

史前绘画

　　1994年，在法国的一个洞穴里，探险家偶然发现了一批世界上最古老的史前绘画作品。早在3万多年前，在阿尔代什地区的肖维岩洞的洞壁上，人们就绘制了数百幅画作。许多画作都以与他们同期生活在最后一个冰河时代的动物为表现主题，包括洞熊、真猛犸象和爱尔兰麋鹿。

　　将墙壁刮擦以形成光滑的表面后，用泥土、唾液和动物脂肪制成的天然颜料粉刷洞穴并使其充满生机。这个巨大的洞穴长400米，几个世纪以来不受干扰，完美地保留了这些不可思议的图像。在该处历史遗址中还发现了人类的足迹和已灭绝动物的骨骼化石。

▲ 有些场景中，动物似乎在冲锋甚至是打架

为了减少热量损失，
猛犸象的耳朵比现代
大象要小得多

外层长而粗的被
毛覆盖在较短的
底毛之上

象牙是细长的门牙，
长达4.5米

脚底有裂纹以提高
在光滑冰面上的抓
地力

体重
可达6吨

时间凝固

西伯利亚气候寒冷，常年结冰，有利于历史遗迹的保存。猛犸象的木乃伊状尸体（干尸）在巨型冰块中被发现，几乎完好无损。这头名叫柳芭的幼象，死于4.2万年前。2007年在西伯利亚被发现，肚子里还有未消化的母乳。

有关专家可通过计算象牙上类似树木年轮的圆环数量来推断真猛犸象的年龄。

强大的猛犸象

最后一个冰河时代最雄壮的动物是真猛犸象。尽管大部分猛犸象在1万年前灭绝，但仍有一小部分存活到4000年前。在欧洲、亚洲和北美洲都发现了猛犸象遗骸。这些巨大的哺乳动物是现代大象的远古亲戚，它们的体形和大小相似，但猛犸象更适应寒冷的生活环境。

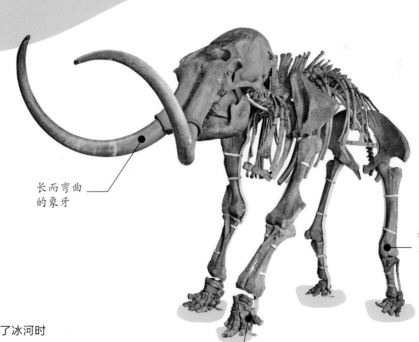

长而弯曲的象牙

粗壮的腿骨支撑着巨大的体重

史前猎人使用骨头和象牙制作工具、建造庇护所

真猛犸象的骨架

巨大的象牙

真猛犸象很好地适应了冰河时代的低温环境。厚实、蓬松的被毛和厚厚的脂肪能积蓄热量用以保暖。巨大的象牙可以用于自卫、吸引异性和挖掘食物。

蓬松的外毛覆盖在浓密的底毛之上

吃草的"巨人"

披毛犀在300多万年前首次出现在地球上，后来分布范围逐渐变得广阔。这种动物巨大而多毛，是现代犀牛的近亲。古老的洞穴壁画和冰冻的化石遗迹有助于我们了解这种双角的史前野兽。在冰河时代，敦实的身体和厚厚的被毛是必不可少的生存工具。

多毛的草食动物

虽然披毛犀的角和巨大的体形使它看起来很危险，但披毛犀实际上是一种以植物为食的草食动物。它们要么独居，要么形成非常小的群体，就像现代犀牛一样。

披毛犀的前角有1米长。

较短的角直立于双眼之间

巨大的前角可能用于清除积雪、吸引同伴并抵御攻击

角由角蛋白构成，其成分与毛发和指甲中的蛋白质相同

披毛犀残骸

被保存下来的披毛犀骨骼显示出它们拥有巨大的身躯、宽阔的肋骨和短小的四肢。其中一只被发现于2015年，被俄罗斯科学家命名为萨沙。对其牙齿进行的测试显示，它死的时候已经7个月大了，但比同龄的现代犀牛要大得多。专家认为，由于人类捕猎和气候变化影响了它们的栖息地和食物来源，该物种在大约1万年前灭绝。

披毛犀全身覆盖着粗糙的皮肤

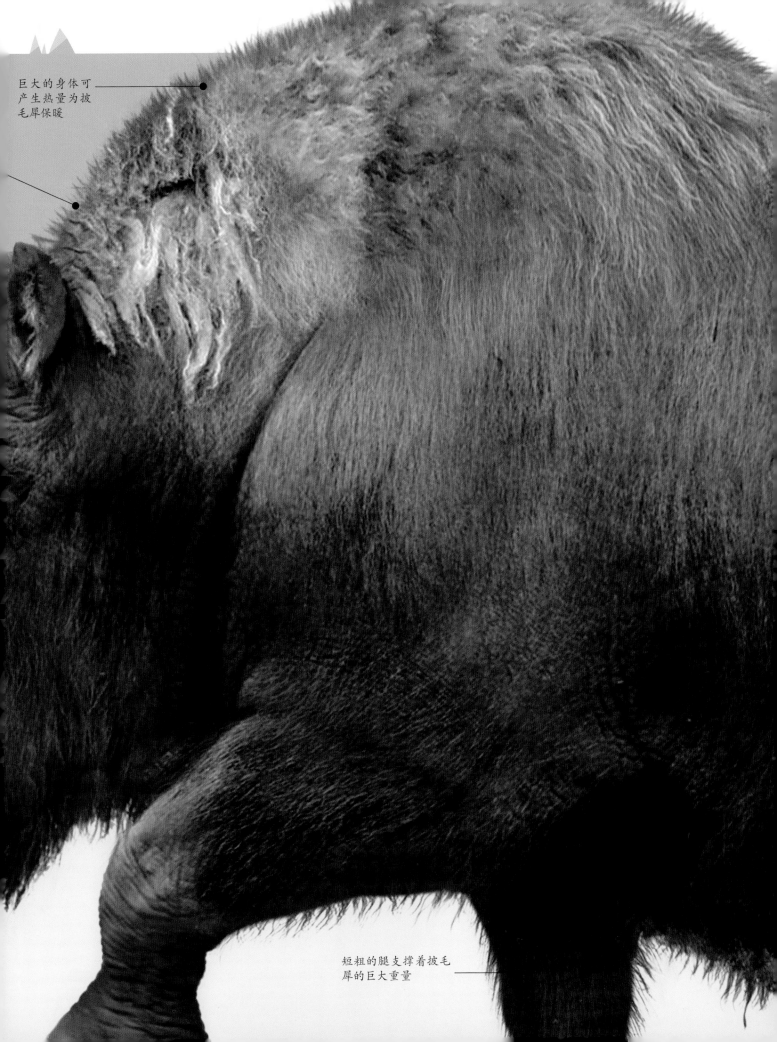

巨大的身体可
产生热量为披
毛犀保暖

短粗的腿支撑着披毛
犀的巨大重量

苗条的身形和灵活的脊柱，能让剑齿猫迈出很大的步子

轻巧的身躯大小与狮子相似

剑齿猫奔跑的速度可达90千米每小时。

剑齿猫的尾巴比大多数现代猫都短

动作敏捷的猫科动物

在这张由电脑合成的图像中可以看出剑齿猫拥有强健的体格、长腿和锋利的牙齿，这些是致命的组合。这种高效的捕食者能够穿越冰冷的平原和草原，高速追赶幼年猛犸象。

剑齿猫的爪子很小，不能完全缩回

体重
可达230千克

锯齿状的犬齿可以刺伤猎物并将其撕碎

强壮的下颚有助于剑齿猫抓住猎物

威风凛凛的大猫

在数百万年前的冰河时代，最凶猛的猫科动物一度称霸地球。尽管与现代猫有很多共同之处，但基因研究表明，它们不是现代猫的直系祖先。因为它们巨大弯曲的犬齿看起来像剑，这些凶猛的掠食者被称为剑齿猫。

弯刀形的骨骼

在美国得克萨斯州的弗里森汉洞穴中发现了30多具剑齿猫的骨骼化石。化石显示，它们有灵活的脊柱和纤细的骨骼，非常适合短距离高速奔跑。强壮而宽阔的肩膀表明它们有足够的力量用嘴叼住大型猎物。因为它们的猎物的灭绝，该物种大约在1.1万年前也随之灭绝了。

分布区域/栖息地
亚洲/非洲/欧洲

体长
可达2米

和大多数鹿一样，大
角鹿的鹿角每年都会
脱落和再生

强壮的颈部肌肉支
撑着巨大的鹿角

鹿角由骨头组成，用来与其他雄鹿战斗

大角鹿的巨大鹿角长达3.5米。

鹿角被用来制作成工具

大型猎物

史前平原有许多巨型鹿。这些巨大的有蹄草食动物与猛犸象和披毛犀共享同一片家园。它们都是猎人的主要狩猎对象，猎人在它们的灭绝中扮演了重要角色。尽管巨型鹿在最后一个冰河时代灭绝了，但化石显示，它们与较小的现代近亲有许多共同的特征。

厚厚的被毛覆盖着身体，能够提供温暖和保护

爱尔兰麋鹿

冰河时代最大的鹿是爱尔兰麋鹿，也被称为大角鹿。由计算机生成的图像重现了爱尔兰麋鹿的所有特征。它有巨大的鹿角和沉重的身躯，出没于北部大部分的大陆，是迄今为止最大的鹿之一。

来自西伯利亚的标本

大角鹿的化石帮助科学家更多地了解了该物种消失的时间和原因。来自西伯利亚的最新标本已有7000年的历史。巨大的骨架和每只重达20千克的巨大鹿角，表明它可能因为行动迟缓，而容易成为猎人的目标。气候变化改变了它的栖息地而使其灭绝。

洞熊的眼睛
小，视力差

有力的肩膀和前肢支
撑着沉重的身体

粗糙的被毛
覆盖全身

大大的鼻子，拥
有灵敏的嗅觉

牙齿的大小、形
状和结构表明洞
熊主要吃植物和
水果

洞熊的头比现
代熊宽

洞熊的骨骼

　　牙齿化石表明，洞熊是"素食者"。然
而，冰河时代限制了植物的生长，因此食物匮
乏。随着猎人进入洞穴，洞熊的冬眠场所越来
越有限。这可能是它们在2.5万年前逐渐灭绝的
原因。骨骼显示，美国棕熊是洞熊的近亲。

体长
可达3.5米

体重
可达1吨

*冬眠期间体内储存的
脂肪被消耗殆尽*

穴居动物

洞穴为最后一个冰河时代的严寒提供了安全的庇护。洞熊会在一年中最冷的月份冬眠，并以其冬眠所在自然栖息地而得名。在欧洲各地的石灰岩洞穴中发现了保存完好的10万余只洞熊的遗迹。

洞熊的身高是成年人的2倍。

洞熊的必需品

尽管体形巨大，看起来可怕，但洞熊可能是高度的植食性动物，靠吃水果和植物为生。毛茸茸的被毛在外出觅食时为它们保暖。它们一年中大部分时间都无须居所，只有冬眠时会利用洞穴进行深度睡眠。

动物进化

在最后一个冰河时代，在冻原上漫步的猛犸象比体形较小的现代大象更适应寒冷。猛犸象和现代大象来源于同一祖先，从这一祖先进化出了不同的样子。体形更大、毛发更多的猛犸象可能更适应在寒冷的气候下生存，并将这些特征传给后代。

气候变暖可能导致了猛犸象等冰河时代动物的灭绝。当今气候变化也可能会造成同样的影响。

气候变暖

！

人类捕猎可能导致了最后幸存的猛犸象的灭绝。

草原猛犸象拥有短短的被毛，适应了亚洲北部平原的生活

巨大的草原猛犸象身高4米，生活在60万年前至37万年前

在遥远的北方，干旱的草原上，长而蓬松的被毛为猛犸象保暖

化石

因为早期动物形态的痕迹已经作为化石被保存下来了，所以我们知道动物会随着时间的推移而发生改变。大多数化石是变成石头的骨骼、牙齿或贝壳的残骸。但在地球最北端，人们发现整头猛犸象和其他冰河时期的动物都被埋在冰冻了数千年的地下。这些遗迹保存着它们的皮肤、头发，甚至最后一餐。

灭绝

数千年或数百万年以来，新物种不断进化以适应不断变化的环境，而其他物种则灭绝（消亡）。结果，新物种将旧物种取代。但在当今世界，栖息地被破坏和气候变化发生得如此之快，以至于新物种的进化速度不足以取代那些消失的物种。如果北极熊因为极地冰的融化而灭绝，那么没有什么物种能替代它。

真猛犸象

大约40万年前出现的真猛犸象，是完全适应冰河时代的最大的陆地动物。真猛犸象是从类似现代大象的动物进化而来的几种猛犸象之一，它们长出毛茸茸的被毛以抵御冰河时代的寒冷。虽然比草原猛犸象小，但它更适应寒冷气候。

真猛犸象的耳朵比现代大象小，以避免冻伤的危险

亚洲象

现代的亚洲象是真猛犸象的近亲。它们像猛犸象一样，还保留着部分毛发，尤其是刚出生时。

雄性的长牙可能超过3米

冰冻的世界

极地是冰的世界，到处是广阔的冰原和冰冻的海洋。冰也会在山脉中堆积，并以冰川的形式蔓延到山谷中。但是到了夏季，一旦冰层融化，坚韧的植物就会生长出来，并为这片地区带来生机。

北极地区

在地球的顶端是一片冰冷的栖息地——北极地区。它包括冰原覆盖的北冰洋，其周边是一大片无树的、冰封的陆地，北极在中间。尽管这是地球上最冷、风最大的地方之一，但它却还是许多动物、植物和人类的家园。

日和夜

北极地区只有两个季节。在6个月的寒冷冬季，几乎昼夜都是黑暗的。而在6个月的温暖夏季，大部分时间甚至全天都是明亮的。

冬天，动物们借助海冰作为"交通工具"出行和寻找食物

大约有400万人生活在北极。几千年来，他们的祖先学会了在严酷环境中生存

北极熊是北极地区最大的陆生食肉动物，它们在冰上等待海豹（为呼吸空气而）浮出水面

全球约10%的淡水储存在格陵兰冰盖中。

3月21日左右，太阳从北极升起。此后，它每天都悬挂在天空中，直到6个月后，冬季到来时落下

在过去的40年里，北极地区的夏末海冰的厚度已经下降了大约70%。这种趋势可能会持续下去，最终导致夏季无冰。

海冰融化

！

旅游船和运输船与哺乳动物共享这片海洋，有时会使这些动物身处危险之中

海冰在夏天分裂成漂浮的冰块，在冬天冻结到一起

海豹靠吃磷虾和鱼在冰冷的海水中生存

有些动物，如独角鲸，常年生活在北极水域。它们通过冰上的洞进行呼吸

北极地区在哪儿

北极地区位于地球最北端，由北冰洋、较小的周边海域以及欧洲、亚洲和北美洲最北端的部分组成。

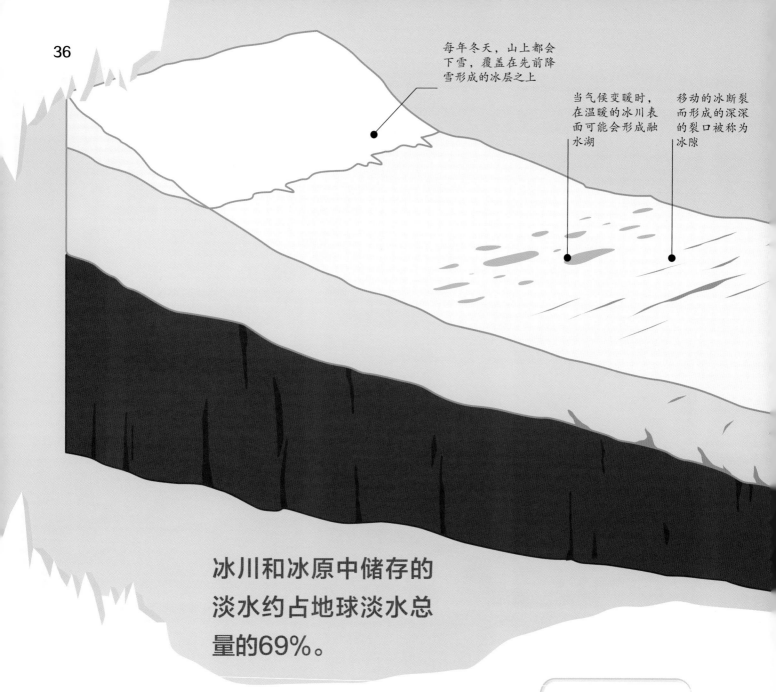

每年冬天，山上都会下雪，覆盖在先前降雪形成的冰层之上

当气候变暖时，在温暖的冰川表面可能会形成融水湖

移动的冰断裂而形成的深深的裂口被称为冰隙

冰川和冰原中储存的淡水约占地球淡水总量的69%。

冰川

当积雪在陆地上经年不化时，它会被自身重量压缩成巨大的冰块，也叫作冰川。冰川形成于白雪皑皑的山脉中，每天以1米的速度缓慢地向下移动，就像缓缓流动的河流一样。冰的移动冲刷出深谷形地貌，并在冰川脚下制造出成堆的碎石。几个世纪以来，在格陵兰岛和南极洲，形成了大量的冰川，以致这些陆地都被埋在数百千米宽的冰层之下。

由于全球变暖，世界上大部分高山冰川的规模正在缩小。如果全球所有冰川和冰原都融化，海平面将上升70米。

冰川收缩

崩解

崩解是在冰川与湖泊或海洋相遇时，从冰川的末端分离出大块冰的过程。在崩解时，会有高达60米的冰块坠入水中，产生巨浪。在南极洲的部分地区，气候非常寒冷，冰川绵延到海平面数千米而不断裂，形成永久性的冰架，为企鹅和其他动物提供栖息之所。

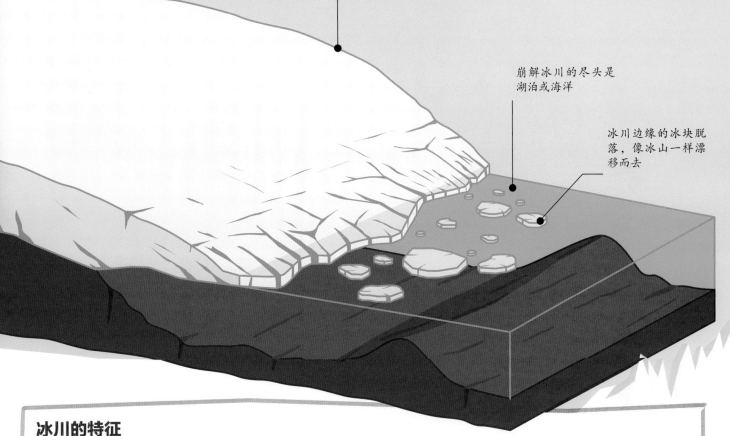

在地球引力的作用下，大量的冰缓慢地向下流动，移动时发出嘎吱嘎吱的声音

崩解冰川的尽头是湖泊或海洋

冰川边缘的冰块脱落，像冰山一样漂移而去

冰川的特征

冰臼

融水在大冰川的平坦区域涌入被称为冰臼的深井。融水能流到冰川底部，使其湿润并帮助它移动。

中碛

在两条冰川交汇处，成堆的岩石碎片被冰层冲下，形成了黑色条纹状堆积物被称为中碛。

冰雪融水径流

在夏季，地表融水积聚形成融水径流，在冰川的河道中流动。这些溪流能汇聚在一起形成湖泊。

冰洞

在阿拉斯加的门登霍尔冰川下隐藏着一个美如仙境的蓝色冰洞。这片巨大的冰洞大约在距今3000年前形成，最终扩大到95平方千米。当融水流过大冰川的裂缝时，在其底部雕刻出奇特的洞穴和隧道。冰洞鲜艳的蓝色由阳光经半透明的冰层折射而形成。

不同于岩石中的洞穴，冰川洞穴是临时结构，并且会不断变化。由于流水不断雕刻出新的形状并且整个冰川不断缓慢向下移动，它们的外观每年都大不相同。这个神奇的冰洞每年都吸引成千上万的游客涌向阿拉斯加。

温度升高使门登霍尔冰川迅速融化。生态系统和野生动物面临威胁，该地区最大的淡水来源也随之减少。

冰川融化

冻原

　　冻原寒冷、多风，一年中大部分时间都被冰雪覆盖，是一片气候恶劣的无树栖息地。夏天冰雪消融、万物复苏，在五颜六色的花海中，鸟儿蜂拥而来，捕食成群的昆虫。有些动物常年生活在那里，而另一些则在冬季迁徙到温暖的家园。

冻原动物，如麝牛，用蹄子在雪地里挖洞并寻找食物

在冬季，有些动物会冬眠，许多鸟类会离开，而其他动物，比如雪鸮，则留下来靠捕食在雪中奔跑的小型哺乳动物为生

地表之下是一层厚厚的冻土，被称为永久冻土。永久冻土阻碍植物的根部向深处生长，因此只有小型植物才能在冻原中生存

夏季和雪季

　　地球表面的陆地约有10%是北极冻原。当冬雪消融时，灌木、青草和苔藓恢复生机。那些在雪季迁徙离开的动物又都回来了。地表冰雪融化，地面变得松软而潮湿。

冻原

　　大部分冻原位于北极圈内的极北端。

夏季阳光普照，提供的
热量足以使地表变暖，
冰雪融化

在短暂的夏季，鸟类成群地来到
冻原繁殖。而在冬季，有些鸟类
会南迁，比如北极燕鸥会飞到南
极洲

由于气温升高，融化
的永久冻土将甲烷气体释
放到空气中，从而导致全
球变暖。

永久冻土融化

!

**夏季只有短暂的6个星期，但
每天光照时间超过20小时。**

生活在冻原的北极驯鹿以
草为食，在夏天，阳光照
射在地势较低的植物上，
促进其生长

冻原上的鸟类，比如黄
腹铁爪鹀，在这里享用
虫子盛宴、养育雏鸟

为抵御狂风，北极苔
藓等植物像垫子一样
贴地生长

像北极柳这样的小
型灌木在冻原的沼
泽土壤中长势良好

诸如熊莓这样的植物
拥有厚实的叶片，可
以抵御寒冷

地衣和苔藓

在世界上最寒冷的栖息地，那里土地冻结，根茎无法生长，很少有植物能生存。然而，地衣和苔藓通过攀附在岩石的缝隙中生存，并且能在无水或无光的情况下存活数月。它们以极低的速度生长，100年仅生长1毫米。

驯鹿苔

尽管名为苔藓，但驯鹿苔并不是苔藓，而是一种常见于高山冻原和针叶林的地衣。这是驯鹿最喜欢的食物，冬天它们会用蹄子挖雪来寻找它们。

丽石黄衣

地衣不是一种植物，而是一种真菌，其中含有微小的、类似植物的有机体，能够进行光合作用（利用光能来制造食物）。丽石黄衣因其能产生明亮的橙色防晒霜而得名，这种防晒霜能抵御阳光中的紫外线。

北极肾形地衣

这种叶状的大型地衣生长在阿拉斯加和加拿大，是食草动物的食物来源。有些阿拉斯加的原住民将其煮沸，搭配碎鱼卵食用。

地图衣

地图衣生长在空气清新的山区，在南极洲基岩海岸也很常见。它生长在一片被黑边环绕的绿色斑块中，就像世界地图上的国家一样。

南极苔藓

在南极洲短暂的夏季，随着积雪融化，部分海岸变成绿色，隐藏在下面的苔藓又恢复了生机。南极洲几乎不下雨，但苔藓能从融雪中获得所需的全部水分。

火苔藓

火苔藓生长在绿色的"草垫"上，拥有鲜红的嫩芽。这种坚韧的植物广泛分布在世界各地，从人行道的裂缝到沿海沙丘和南极洲的岩石斜坡都能看到它的踪影。

极地植物

只有最坚韧的植物才能在极地存活。它们必须能够在半冰冻的地面上生长，抵御冰冷的寒风，应对厚厚的积雪，并且在冬季度过数月无边的黑暗。但是，当夏天带来几乎持续不断的阳光时，它们一下子就绽放了。

无茎蝇子草

像许多北极植物一样，这些植物形成了低矮而致密的垫子，在植物内部形成一个温暖的空气袋，可以抵御寒风。无茎蝇子草的花在阳光明媚的南面最先开放，所以有时被称为指南针植物。

南极发草

南极发草比其他任何开花植物生活得都更靠南端，它们在阳光充足的山坡上扎根于岩石缝隙中，可以避开最恶劣的风。

白头翁

从紫色到白色，白头翁的花朵长在低矮的细长茎干上。整个植物都被柔滑的被毛覆盖，以防止在强风中水分流失。

北极罂粟

这种黄色的罂粟根植于岩石的裂缝中，可以在最贫瘠的冻原上生长。它的花朵形状像卫星天线，跟随太阳移动，将阳光的热量集中到花中心正在发育的种子上。

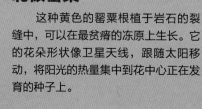

羊胡子草

在北极的短暂夏季，随着状如山羊胡子的白色种穗的产生，大片单调的冻原沼泽成为羊胡子草的天下。当种穗破裂时，每粒种子都像蒲公英一样被吹到空中，然后被带到一个新的地方。

北极柳

大多数柳树都很高大。但在北部冻原上，北极柳很少能长到25厘米高。它们生长缓慢，寿命可能长达200年，比其他木本植物生活得更靠北。

熊莓

熊莓是石楠的北极亲戚，生长在北部森林和附近的冻原，形成低矮的灌木丛，叶子较小，通常在秋天变红。其多汁的浆果是棕熊最喜欢的食物。

南极漆姑草

南极漆姑草是南极洲仅有的两种开花植物之一，另一种是南极发草。为抵御极地的刺骨寒风，最长仅长到5厘米高，形成了花团锦簇的"垫子"。

挪威虎耳草

春季，当积雪开始融化时，北极的挪威虎耳草就会开花，并形成紫色的"地毯"。在冬天来临，再次开始下雪之前，紫色"地毯"会一直存在。

泰加林

在冻原以南，一个被称为泰加林的广阔森林区域横跨北美洲、欧洲和亚洲。漫长而黑暗的冬天使一年中大部分时间都很寒冷。然而在夏天来临的时候，积雪融化，白昼变长，天气更加温暖。

泰加林拥有全球1/4的树木，释放的氧气比热带雨林还多。

冠小嘴乌鸦以种子、昆虫、蛋和动物尸体为食

交嘴雀用其独特的交叉喙的尖端撬开松果，并能将舌头伸进种子里面

永冻层融化会形成水潭，吸引成群嗡嗡叫的苍蝇和蚊子

原麝等动物啃食地衣、小型灌木和针叶树

针叶树的叶子呈针状，可以抵御寒风和大雪

有些动物，如欧洲棕熊，由于寒冷和食物匮乏，在漫长的冬季里会冬眠

泰加林

泰加林在北半球顶部形成一个环状，覆盖了全球11.5%的土地，包括加拿大、斯堪的纳维亚半岛和俄罗斯的大部分地区。

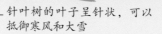

黑鹳从非洲和亚洲南部向北飞行，在泰加林中度过夏天

针叶树的树枝形状使雪易于滑落

针叶林不仅易受全球变暖影响，而且对酸雨等大气污染也很敏感，需要很长时间才能再生。

污染

!

常绿林

与生长在温暖气候中的阔叶树不同，泰加林中的针叶树一年四季都长着叶子。冬天，当地面结冰时，树木无法从土壤中吸收水分。然而，它们薄薄的叶片有一层厚厚的蜡状涂层，能够防止水分散失。

松果的种子是动物们丰富的食物来源。有些动物把它们储存起来过冬

厚重的被毛，敏锐的嗅觉，以及协作狩猎，让狼群在泰加林中得以生存

夏天，成群的鸟类（如白眉地鸫）迁徙到泰加林，筑巢并享用昆虫和浆果盛宴

低矮的灌木和蕨类植物生长在树冠之下

光影秀

北极光，或称北方的光，是最壮观的自然景观之一。在春季和冬季，世界上最北端的某些地区，夜空中经常能看到它们绚丽多彩的发光图案。这是来自太阳的带电粒子与地球大气中的气体碰撞的结果。极光的颜色取决于太阳粒子相互作用的气体类型。

这炫目的展示自古以来就吸引了很多人围观，也是许多神话的灵感之源。维京人把这些光看作女性战士盾牌上的反射光，而因纽特人则认为它们是乌鸦手中的火炬，用来照亮通往天堂的道路。在中世纪的欧洲，红色的光被认为是可怕的战争或瘟疫的先兆。意大利物理学家、天文学家伽利略·伽利雷取古罗马黎明女神欧若拉和希腊北风之神波瑞阿斯之名，将其命名为"北极光"。

▲ 在南极洲，一群企鹅沐浴在南极光中

山

生命形式会随着山的高度变化而改变。在喜马拉雅山脉低坡的茂密森林中，气候温暖。但海拔越高，天气就越冷，风也越大，森林被草地和岩石坡地所取代。许多山峰终年被冰雪覆盖，这对生活在那里的动物和植物提出了挑战。

胡兀鹫这样的猛禽在山中翱翔，扫视地面以搜寻食物

全球变暖影响着由高山冰雪融水形成的河流，而砍伐森林则对低海拔地区的森林动物造成威胁。

融水

!

在夏季前往高山地区的旅途中，喜马拉雅棕熊以草、昆虫和小型哺乳动物为食

在海拔超过8000米的地方，空气对人类来说十分稀薄，但是诸如斑头雁这样的鸟类却可以生存

喜马拉雅跳蛛是地球上生存环境海拔最高的动物之一。在晴朗的天气里，它趴在岩石上，等待时机扑向飞过来的小型昆虫

山

当地表板块移动时，岩石往上推动形成山脉。其中最著名的是南美洲的安第斯山脉、北美洲的落基山脉、欧洲的阿尔卑斯山脉和亚洲的喜马拉雅山脉。

珠穆朗玛峰高8848.86米，是地球上最高的山峰，也是海拔最高的栖息地。

喜马拉雅塔尔羊的蹄底具有弹性，在攀爬过程中能够紧紧地抓住光滑的岩石

喜马拉雅山

喜马拉雅山横跨亚洲，覆盖了中国、印度、尼泊尔和不丹的部分地区，包括世界14座最高峰中的10座，并拥有仅次于两极的世界第三大冰雪储备。喜马拉雅山脉规模如此之大，以至于阻挡了降水系统的路径，其南部的土地绿意盎然，而北部却是干旱的草原和沙漠。

当成堆的新雪落在积雪或冰上时，雪会变得不稳定并滑落下来，从而导致雪崩

雪豹是专业的攀岩者，在追踪野生绵羊和山羊时，能够悄无声息地跳上险峻的斜坡。它有着长长的、十分舒适的被毛，沉重的、毛茸茸的尾巴，尾巴在攀爬时用来保持平衡，睡觉时用作围毯

冰

严重的霜冻有可能让物体变得十分沉重，以致树木倒塌，电缆损毁。

水变成冰的过程会产生奇妙的效果。这在某种程度上是因为水在冻结时会结晶，形成复杂的形状，如雪花。极冷的环境会使空气中的水蒸气直接变成冰，而当其冻结在固体上时，就会形成各种晶莹剔透的、由冰堆积而成的美妙造型。

冰塔

当高山冰川沿着岩架滚落时，分裂成巨大的、房屋大小的碎块，被称为冰塔。冰塔被深裂隙分开，危险且不稳定。掉落的冰塔让许多登山者丧命。

雪花

在高海拔地区，云中的水滴冻结形成微小的六面冰晶。随着更多的水凝结在上面，它们慢慢变成六角形的雪花。每片雪花都有自己独特的形状。

冰层堆积

极冷的空气使海洋和湖泊表层结冰。冰随着风和水流漂流，如果遇到多岩石的海岸，通常裂成板块，像成堆的碎玻璃一样。

雾凇

在低于0℃时，空气中的微小水滴会凝华。如果它们接触到树，会立刻冻结积聚，但仍保持液态，形成一种叫作雾凇的霜，将每根树枝都变成冰雕。这种现象也被称为冻雾。

冰钉

在气候干燥的高寒山区，古老雪原缓慢蒸发形成坚硬的片状和尖顶状的积雪，被称为冰钉。这在南美洲的安第斯山脉尤为常见。

发丝冰

在腐烂的木头中形成并可从木头中长出来的冰，看起来像雪白的头发，所以得名"发丝冰"。其形成机理尚不明确，但与腐烂木头中的真菌有关。

霜花

夜间突然的寒冷会冻结植物中的汁液，使其膨胀并破裂成花瓣状的、薄薄的冰片，称为霜花。霜花非常脆弱，在白天很快就会被太阳融化。

白霜

在晴朗的冬夜，热量很快从地上散失，固体温度降至冰点以下。只要空气中的水蒸气凝结在上面，就会形成名为白霜的白色晶体。

冰针

在寒冷地面上流动的水会渗入地面，接触到极冷的空气就会结冰。当水向上推动时，可能形成冰并长成纤细的针状冰柱。

南极洲

　　最寒冷、最干燥、最黑暗、风最大的南极洲是地球上最不适合生命生存的地方。南极洲的面积几乎是澳大利亚的2倍，但其98%的土地被埋在冰原下，深达2千米。冬天，其周围的海水也会结冰，冰层覆盖面积增加了1倍。尽管气候恶劣，南极洲却是许多动物的家园。在那里，几乎所有的动物都生活在沿海地区，依赖海洋而获取食物。

在南极洲，漂泊信天翁可以顺风飞行数小时而无须拍打翅膀

虎鲸，也叫杀人鲸，是在南极洲周围的南大洋中发现的10种鲸鱼之一。它捕食海豹和其他鲸鱼

南极洲的冰从陆地流向海洋，但速度非常缓慢。一片雪花从南极内陆移动到海洋要花5万年的时间

南极哺乳动物

　　南极洲唯一的陆生哺乳动物是海豹，它们大部分不是生活在大陆上，而是生活在冰上或南极洲周围的小岛上，因为那里气候温暖。南象海豹是世界上最大的海豹，依靠庞大的身体来保暖。

雄性南象海豹可重达4吨，比一只雌性非洲象还重

1983年，南极洲部分地区温度降到了-89.2℃，这是地球上有史以来的最低温度。

雪海燕是只能在南极见到的动物之一

南极洲山脉辽阔，但大部分都埋在冰里，只有山峰显露出来

科学家认为，南极西部的冰原已经开始融化，但较大的南极东部冰原还完好无损。

融化的冰原

!

通过挤在一起相互取暖，帝企鹅能够耐受-40℃的严寒

南极燕鸥在南极洲周围遍布岩石的岛屿上筑巢，潜入海中捕食小鱼和小虾

地衣是一种类似植物的有机体，在岩石上生长，形成一层薄薄的外壳。有些地衣在寒冷的气候条件下可能经过1000年才长1厘米

南极发草是极少数能够在南极生存的植物之一。在这里，深层土壤已冻结，树木无法生长

南极洲

南极洲位于南极，是地球最南端的大陆。其周围的海被称为南大洋。

埃里伯斯火山

　　埃里伯斯火山是南极洲唯一一座持续活动的火山，也是位于地球最南端的活火山。这座被积雪覆盖的山高达3794米，高耸入云。埃里伯斯火山已经活跃了大约130万年，火山口中炽热的熔岩湖经常出现小喷发，将熔化的岩石喷射到空中。

　　火山两侧的开口被称为喷气孔，释放出水蒸汽和其他热气体，使雪融化并形成神奇的冰洞。当逸出的蒸汽接触到冷空气时，会先变成水，随后立即冻结成冰，形成形状奇怪的冰烟囱或冰塔。

　　埃里伯斯火山位于罗斯岛上，由极地探险家詹姆斯·克拉克·罗斯于1841年发现，并以其中一艘探险船的名字为这座火山命名。1908年，英国探险家欧内斯特·沙克尔顿率领探险队来到罗斯岛，他和5名队员首次登上了埃里伯斯火山的峰顶。

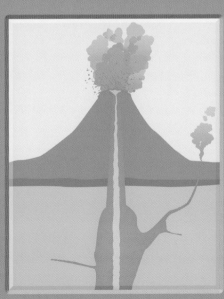

▲ 地壳中的熔岩不断上升，当其穿过火山的核心时，由熔岩、火山灰和蒸汽形成的炽热的混合物从火山顶部喷发出来

海冰

冬季，极地海洋上空的气温骤降至-2℃左右，远低于海水冰点。这使得海洋表面的水结冰，冰变得越来越厚，直至温度升高使其融化。有些冰可能会持续存在于多个季节，尤其是在北极附近。在极地海洋漂流的冰山是从陆地上流过来的冰川碎片，其源头大不相同。

水内冰

当海水开始结冰时，会形成小的漂浮冰晶，称为水内冰。这些晶体在风浪的作用下不断移动，凝结在一起，但不能形成实心板。相反，它们形成了一个薄薄的、满是雪泥的表层，通常被称为油脂冰。

浮冰群

随着风和海水漂流的厚冰被称为浮冰群或浮冰。浮冰群厚达1.2米，常因海浪撞击而形成单独的浮冰。这些浮冰直径可达10千米，但大多数都要小得多。洋流经常把它们推到一起，堆积成碎冰堆，称为冰脊。

尼罗冰

单独的饼状冰能够结合在一起，形成一层薄而连续的尼罗冰。其接合处非常灵活，使其能够随波浪而弯曲。当更多的水冻结到冰上时，尼罗冰变得越来越厚，越来越坚硬，形成固态的浮冰群。

饼状冰

当浓汤状的冰层变厚时，冰晶彼此冻结形成小的片状冰。在海浪的作用下，片状冰被撞击到一起并且边缘变皱，形成饼状冰。饼状冰的直径可达3米，但最厚不超过10厘米。

多年冰

到了夏季，大多数海冰融化，但有些则不会。在北极，漂浮在北极周围区域的浮冰越来越厚，局部厚达4米，具有深达20米的冰脊。但当其再次向南漂移时，它最终也会融化消失。

冰间水道

浮冰能被水流分开，也可以被推到一起。冰上的裂缝扩大形成一段长长的开阔水域，被称为冰间水道。冰间水道对需要呼吸空气的鲸鱼、海豹以及潜入冰下的海鸟至关重要，甚至船只也可以在冰间水道中航行。

固定冰

附着在海岸上的厚厚的海冰叫作固定冰，通过浮冰带与浮冰隔开。涨潮和落潮会使固定冰在海岸附近裂开，但冰的移动速度太慢，以致裂缝很快会再次冻结。

冰架

南极洲是巨大漂浮冰架的所在地。它们形成于厚厚的冰层向海洋延伸的地方。向陆地延伸的那侧与陆上冰原相连，并从不断流向大海的冰流中得到供给。

罗斯冰架是世界上最大的冰架，相当于西班牙国土面积那么大。多达90%的浮冰位于海面之下。前缘形成一个陡峭的悬崖面，约600千米长，高耸于罗斯海上方50米处。大块的冰可以分解（崩解）并形成冰山。罗斯冰架得名于英国探险家詹姆斯·克拉克·罗斯，他于1841年首次发现这一壮观景象。自此以后，它便成为许多著名探险队通往南极的门户。

▲ 南极的冰架被强风冲刷，在表面形成了沟状和脊状纹路，被称为雪面波纹

冰山

只有10%的冰山显露在水面之上。

在最近一个冰河时代，1/3的地球处于冰层之下。现在大部分的冰都已融化，剩下的主要分布在两极。在那里，大块的淡水冰从冰川和冰架上脱落并形成冰山，漂流到世界各地的海洋中。

冰山至少有5米宽，可形成数百千米长的大型浮岛

有些冰山具有明亮的蓝色色调，这源于没有气泡的、高密度的冰

移动的山脉

冰山形成于崩解的过程中。每年有4万多座冰山从格陵兰的大型冰川上脱落，而在南极洲，还有成千上万座冰山从冰架上脱离。

如果冰山的撞击在船体上撕开一个足够大的洞，船只就有可能沉没

由于冰内有气泡，冰山通常是白色的

小漂冰是非常小的冰山，很难被发现，但对船只来说很危险

有些冰山外观呈条纹或带状

通常，水面以上的冰比水下的冰融化得慢

冰山的种类

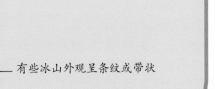

板状或平顶状

在南极洲，最大的冰山通常从冰架上脱落，具有平坦的顶部和陡峭的侧面。它们可浮出水面60米。

圆顶状

这种冰山的主体部分是板状的，但越靠近顶部变得越圆，并形成一个独特的圆顶。

尖顶状

有些冰山有尖顶，看起来像山峰。尖顶状冰山至少有一个高高的尖顶，但一般都具有多个尖顶。

南乔治亚岛

在南极洲周围南大洋的寒冷水域中，有一座世界上最荒凉的岛屿——南乔治亚岛。这座岛，连同较小的南桑威奇群岛，拥有壮观的山脉、冰川和岩质边坡。这些岛屿的气候寒冷，强风经常夹杂着雨雪一起落下。

在南乔治亚岛和南桑威奇群岛，尽管没有常住人类居民，但许多野生动物在这里繁衍生息。数以百万计的鸟类在此建立了种群，包括王企鹅、马可罗尼企鹅和巴布亚企鹅，天空中飞满了海鸥、海燕、贼鸥和燕鸥。南极鹨和南乔治亚针尾鸭是这些岛屿所独有的。悬崖顶部为漂泊信天翁筑巢提供了避风港，而象海豹和毛皮海豹则聚集在海滩上。1775年，英国探险家库克船长第一个踏上南乔治亚岛，并以国王乔治三世的名字为该岛命名。

▲ 成群的王企鹅和它们的宝宝聚集在一起以寻求温暖和保护

冰上的动物

　　没有任何动物能在永久冰冻的世界里生存。但是在极地或高山上，每年夏天土地融化，耐寒植物能够生长并成为动物的食物。同时，极地海洋中充满了浮游生物，这些浮游生物为鱼类、鲸鱼和其他海洋生物提供食物。

分布区域/栖息地
北极

体长
3米

厚厚的脂肪层为北极熊保暖

北极熊的毛色通常呈白色，有利于在雪地里隐蔽

北极熊的被毛比其他任何熊的都厚

"天然冰柜"中的生活

北极熊妈妈会与幼崽一起生活2年以上，并教它们如何狩猎。在北冰洋，浮冰是它们寻找海豹的平台。北极熊是游泳高手，在水中能游几百千米。

锋利的爪子使北极熊在冰上有很好的抓握力

幼崽紧紧跟随妈妈，以防被掠食者捕食

北极王者

这种身躯庞大的熊是世界上最大的食肉动物，同时也是地球上最大、最致命的熊。北极熊很好地适应了北极的地形，不仅能在光滑的冰上行动自如，在陆地和水中也能轻松地移动。

亚成体北极熊喜欢打闹，而成年雄性北极熊会为了争夺食物和配偶激烈地打架

耳朵很小，以减少热量散失

雪中洞穴

冬天，雌性北极熊在雪地里挖洞产崽，保护新生幼崽免受严寒侵袭。巢穴建在陆地上，靠近海岸以便于捕食。幼崽2个月大时就学会走路了，但大部分时间还是待在洞穴里，晚上就在洞里睡觉。在它们强壮到足以在春天来临时跋涉到海冰之前，在庇护所里待在一起有助于它们度过一年中最寒冷的几个月。

灵敏的鼻子能闻到1.6千米外海豹的气味

北极熊的黑色皮肤（仅在鼻子上可见）能够吸收太阳的热量

北极熊奔跑的速度可达40千米每小时，游泳速度可达10千米每小时。

融化

我们的地球正在变暖。气温上升使两极的冰层融化，导致冰原消失，海平面上升。这些变化影响到动物的栖息地，为了生存，它们被迫背井离乡以寻找食物和躲避掠食者。

随着海冰融化，北极熊将被迫回到陆地上，在那里它们可能会更频繁地与人类发生冲突

北极熊不得不消耗宝贵的能量，在不断缩小的冰原之间游得更远

在春天冰层很早就融化，在秋天冰层很晚才形成，这让北极熊寻找食物的时间大大缩短

极地面临的威胁

对生活在北冰洋的北极熊来说，冰层融化是个威胁。浮冰对它们的活动、休息和捕食都很重要。如果没有这些浮动基地，这种世界上最大的熊很可能会饿死。

预计到2050年，北极熊的数量将减少2/3。

如履薄冰

北极熊并不是唯一为生存而战的生物。气温上升可能会使许多其他脆弱的生灵处境危险。

环斑海豹

环斑海豹是北极熊的主要猎物之一。它们在冰上筑雪巢、产崽并保护新生幼崽不受外界伤害。如果气温持续升高，它们的栖息地将会消失。

阿德利企鹅

在过去的50年里，由于觅食地的鱼类和磷虾数量减少，阿德利企鹅的数量下降了80%以上。

北极狐

随着北极冻原气候变暖，北极狐的食物——旅鼠和啮齿动物可能越来越少。与此同时，与北极狐竞争的掠食者——赤狐，正在入侵它的领土。

冬日奇观

驯鹿（在北美被称为北美驯鹿）在冬天可以保持体温，其秘诀是从腿部往下流的血液将热量传递给向上流动的血液中，所以身体的体温得以保持而不会降低。它们有巨大的新月形蹄子，就像穿了雪地靴一样，适宜在雪地或沼泽地上行走。它们还用蹄子挖雪觅食。

大鼻子和长吻从呼出的空气中吸收热量，帮助驯鹿保持温暖

夏天，驯鹿的眼睛是金色的，但在冬天，则会变成深蓝色，这有助于提高它们在黑暗的冬夜里的视力

食草动物

在北方短暂的夏季，随着积雪融化，植物复苏，北极冻原绿意盎然。绿色地毯吸引了大量以植物为食的哺乳动物，如驯鹿。冻原驯鹿成群结队地前行，它们一生都在迁徙中度过。每年，它们在夏季向北迁移到苔原，冬季又向南跋涉数百千米。

体重
可达240千克

保护级别
易危

1日龄驯鹿能比奥运会短跑运动员跑得还快。

驯鹿是唯一一种雄雌两种性别都长鹿角的鹿种

驯鹿每年都会长出一对新鹿角。生长中的鹿角被一层像天鹅绒般的毛茸茸的皮肤所覆盖

一层温暖的、毛茸茸的底毛上覆盖着一层较长的充满空气的被毛。它们就像救生衣，帮助驯鹿游过河流时漂浮起来

在过去的10~25年里，由于栖息地丧失、非法盗猎以及（全球变暖导致的）吸血蚊子增加等诸多因素，野生驯鹿数量下降了40%。

驯鹿

!

生存

　　冻原上驯鹿的迁徙距离比地球上其他陆地哺乳动物都远，驯鹿每年都要往返5000千米去寻找食物。夏季，它们向北前往北冰洋沿海平原产崽，但在那里，它们饱受在冻原沼泽地带繁殖的吸血昆虫的折磨，每周会损失高达1升的血液。为了躲避害虫的叮咬，它们有时会前往风大而蚊子无法飞翔的高地。右侧大图中显示的是，在阿拉斯加的冰面上休息时，一个驯鹿群正在寻找躲避昆虫的庇护所。

▲ 为了安全，这些年幼的斯瓦尔巴德群岛驯鹿必须紧紧跟在母亲身边。虽然驯鹿幼崽跑得很快，但还是有许多沦为灰狼、狼獾和猞猁的猎物

麝牛的角基部膨大，
几乎遮住了它的前额

柔软纤细的下层
绒毛，为麝牛保
持体温

尖尖的角是用来威胁
和打败对手的

嘴唇、鼻孔和眼睛是
唯一未被厚厚的毛发
所覆盖的身体部位

体长
可达2.5米

体重
可达400千克

保护级别
无危

强壮的公牛

耐寒的麝牛在冻原生活已逾25万年。其名字源自雄性在交配季节散发出的麝香味。

当雄性麝牛的牛角相互碰撞时，1000多米外都能听到声音。

雄性麝牛相撞的速度高达50千米每小时

团队防御

当掠食者（比如狼）在四处觅食时，麝牛会启动防御模式。它们共同奔跑形成一个紧密的圆圈，牛角朝外。幼崽被保护在防御圈内。如果这样无效，麝牛可能会低下头冲出来以吓跑掠食者。

在一场激战中，参与搏斗的雄性麝牛相互碰撞和猛击牛角的次数多达20次

在北美部分地区，麝牛的数量稳定，分布范围有所扩大。但全球变暖的长期影响对它们来说很可能是有害的。

麝牛

!

巨兽之战

你见过动物发情的壮观场面吗？发情期是每年大型食草动物（如鹿和麝牛）的交配季节，可能会出现动物界最激烈的打斗。每年，雄性都试图打动雌性，并击败对手。它们用脚抓地，猛烈撞击自己的角，留下自己的标记并试探对手。它们不断推挤、吼叫或全力战斗。

群体领袖

狼群由阿尔法公狼和阿尔法母狼领导。狼群里只有它们能够繁殖，其余大部分是它们的成年后代。群狼共同照顾幼崽。

大多数北极狼和冻原狼都是白色的，在雪地中起到保护色的作用

敏锐的嗅觉对狼至关重要，它们通过跟踪气味来寻找猎物

体重
可达62千克

体长
可达1.3米

保护级别
无危

为了减少热量损失，北极狼的耳朵比其他种类的狼小

加拿大的北极狼不惧怕人类，相反，它们会接近并跟踪进入领地的人。

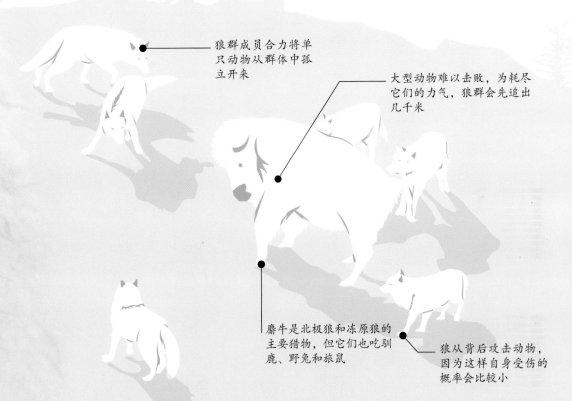

狼群成员合力将单只动物从群体中孤立开来

大型动物难以击败，为耗尽它们的力气，狼群会先追出几千米

麝牛是北极狼和冻原狼的主要猎物，但它们也吃驯鹿、野兔和旅鼠

狼从背后攻击动物，因为这样自身受伤的概率会比较小

冰上协作

北极熊以独居生活为主，而北极狼和冻原狼则成群结队地生活和捕猎。群居生活有很多优点。除了联手捕猎之外，团队成员还合作抚养幼崽，并保卫领地不受竞争对手的攻击。狼群的生活受严格的行为准则支配，由一对优势狼掌管狼群其他成员。

目前，北极狼的数量稳定，但由于公众对它们的恐惧，它们可能会遭到猎人捕杀。

北极狼

分布区域/栖息地
北极

体长
可达70厘米

在冰上奔跑

在世界上气候最冷的地区，滑坡的出现在所难免。北极动物可以抵御低温，适应充满挑战的地形。无论是追逐猎物还是逃离掠食者，在冰上生活的生物必须学会保持足够的速度才能生存。

北极兔一次跳跃
能行进2米。

北极兔有双层被毛，上层皮毛长而蓬松，下层皮毛短而浓密

在争夺雌兔的过程中，雄性北极兔用后腿站立，互相攻击

用坚硬的前爪挖雪来寻找能吃的植物

"毛茸茸的雪球"

北极兔会长时间一动不动以节省能量。为了保暖，北极兔将身体蜷缩起来，耳朵放平，尾巴卷起，只用后脚的保护垫接触寒冷的雪地。

体重
可达7千克

保护级别
无危

北极兔的耳朵比一般兔子要短，可以确保热量损失最小

高速跳跃

快速移动的北极兔利用长长的后腿穿过冰冷的冻原。在一片白雪皑皑中，白色的被毛是完美的保护色。但如果积雪融化，其毛色则会变成灰色或棕色。

北极兔的眼睛长在头部两侧，视野几乎能达到360度

敏锐的嗅觉有助于北极兔发现藏在雪地里的食物

大而有衬垫的后脚就像穿了一双雪鞋，有效防止北极兔陷进雪里

成群的北极兔

像许多生物一样，北极兔也靠数量来获得优势。北极兔群的数量可达数百只或数千只。在以60千米每小时的速度逃跑之前，结伴而行有利于它们及早发现掠食者。

隐身

无论是躲避掠食者还是跟踪猎物，许多北极动物都依靠保护色生存。在冬天，许多动物变成纯白色，与纷飞的冰雪融为一体。在北极短暂的夏季，当积雪融化时，它们脱掉冬衣，变成灰色或黑色。

毛茸茸的狐狸

在冬季，北极狐蓬松的双层被毛可抵御-70℃的严寒。大多数北极狐在夏天毛色变灰，但有些北极狐常年都是灰色。

冬季北极狐的毛量是夏天的3倍之多。

高高跳起有助于北极狐打破冻结的冰面，发现下面的小型猎物

在冻原大部分地区，北极狐的数量稳定，但是有些北极狐面临疾病和污染的威胁。

北极狐

!

变色

北极兔

在遥远的北方，北极兔终年是雪白色的。而南部地区的北极兔会在夏季换上棕色外衣，与岩石和植物融为一体。

雷鸟

鸟类的羽毛也会随着季节而变化。在冬天，雷鸟的羽毛是洁白的，一直覆盖到脚趾有助于它们穿过雪堆。

伶鼬

体色变化与日照时长有关。白天变短是伶鼬被毛由棕色转变为亮白色的信号。

体重
可达4千克

保护级别
无危

83

敏锐的听觉有助于
北极狐发现躲在雪
地里的旅鼠或其他
小型猎物

北极狐的小耳朵比
有些动物的大耳朵
散热少

圆润小巧的外形
有助于北极狐保
持体温

眼睛的颜色和形状
有助于减少冰雪的
眩光

短鼻子是全身唯一没
有厚毛覆盖的部位

北极狐可以像毯子一样
将长长的、浓密的尾巴
裹在身上，盖住鼻子，
保护自己

脚底长毛密生，
用以保暖

分布区域/栖息地
冻原/泰加林

体长
可达105厘米

狼獾深色的油性被毛能
防水，所以不会结霜

强有力的下颚和特
殊的白齿使狼獾能
够从已经冻结的腐
肉上将肉撕下来

狼獾

　　这种凶猛的食肉动物以能杀死比自
身大很多倍的动物（包括在积雪中挣扎
的驯鹿）而闻名。狼獾是黄鼠狼的近
亲，但体形更大、更结实，有着像熊一
样的身材。它们会觅食狼和猞猁捕杀的
猎物残骸，也会攻击任何能战胜的活体
动物。

宽大的脚上有长长
的爪子，像冰爪一
样，帮助狼獾在冰
面上行走

体重
可达18千克

保护级别
无危

泰加林的动物

积雪覆盖的广袤针叶林遍布北部大陆，又被称为泰加林。作为栖息地来说，寒冷的冬季和短暂的夏季使这里充满挑战性，但许多动物顽强地在这里繁衍生息，其中不乏一些世界上最凶猛的食肉动物。

狼獾的数量正在下降，这可能是由于人类侵占其栖息地或因其攻击牲畜而遭到非法捕猎造成的。

狼獾

!

敏锐的嗅觉是寻找藏在雪地或泥土下的潜在猎物的关键。为寻找穴居动物，狼獾可以挖地至6米深

为寻找食物，狼獾一天可能要走30千米以上。

森林觅食者

驼鹿

驼鹿啃食树木、灌木和草，是泰加林里最大的动物。它超长的双腿能穿越最深的积雪。

鬼鸮

这种鸟拥有极为灵敏的听觉和视觉。它们在黑暗中能看见东西，并能用耳朵准确定位藏在雪地里的动物。

西伯利亚花栗鼠

这些小巧而具有条纹的松鼠在森林里穿梭，用富有弹性的颊囊收集种子。它们秋天将食物埋藏起来，冬天冬眠。

分布区域/栖息地
山脉

耳朵很小，以减
少热量损失

浓密的被毛在冬天会
变得更长，以获得额
外的温暖

体长
可达125厘米

体重
可达52千克

保护级别
易危

高山动物

高山地区白雪皑皑的山峰既美丽又狂野。生活在山上的动物面临着严寒、凛冽的风、险峻的岩石斜坡和稀薄的山间空气。然而，许多物种已经学会在这些恶劣的环境中生存。

雪豹会发出低吼声、嘶嘶声、嚎叫声、咕噜声，甚至喵喵的声音，但它们不会咆哮。

高处的生命

喜马拉雅跳蛛

这种八眼蜘蛛可能是世界上在海拔最高处生活的动物。在海拔6000米的山上，它曾被发现吞食被山风吹过来的昆虫。

小羊驼

它是美洲骆驼的近亲，生活在安第斯山脉高处。它有一颗不同寻常的大心脏，能够在氧气稀薄的环境生存。厚厚的"外衣"可在寒冷天气为其保暖。

安第斯神鹫

这种巨大的秃鹫在山间的气流中翱翔，是世界上最大的飞鸟之一。它拥有极佳的视力，利用其高空优势能从很远的地方发现动物尸体。

宽大的鼻腔让寒冷的空气在到达肺部之前变暖

海拔最高的"大猫"

雪豹十分适应在亚洲高山地区生存。这种"大猫"静静地在岩石地带徘徊，用一条超大的尾巴保持平衡。大大的爪子像雪鞋一样帮助它在冰雪上行走。

斑点外衣有助于雪豹"隐身"于岩石遍布的山地栖息地

超长的尾巴有助于"大猫"在攀爬时保持平衡

腿部力量强劲，跳跃高度可达10米

爪子很宽，有毛茸茸的脚底，在雪地具有很好的抓地力

分布区域/栖息地	体长	体重	保护级别
北极	可达1.6米	可达90千克	无危

极地猎物

在极地栖息地，地面上植物稀少，因此大多数动物都是食肉动物。浮游生物中的微小动物不仅是滤食性动物（如须鲸）的食物，也是被海豹等大型动物捕食的鱼类的食物。然而，鱼类又是虎鲸和北极熊等顶级掠食者的猎物。

环斑海豹依靠海冰来休息和养育幼崽。随着气候变暖和冰川融化，其栖息地可能会逐渐缩小。

冰川融化

雪洞

环斑海豹妈妈将幼崽藏在从海冰上挖出的雪洞里，冰上有一个呼吸孔可供进出。雪洞虽然隐蔽性很好，但北极熊可以通过气味找到它们，并用其巨大沉重的身体砸破洞顶。

小海豹有白色的、毛茸茸的被毛，用于在雪地里保暖和隐蔽

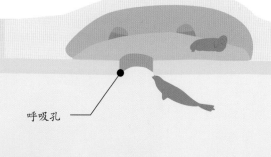

呼吸孔

环斑海豹用前爪在浮冰上挖呼吸孔。

当危险来临时，环斑海豹会从浮冰上滑下，或从呼吸孔潜入水中

其他极地猎物

环颈旅鼠

这种啮齿动物会切割并储存草，因此全年都有食物来源。它隐藏在雪地里，但许多还是会被狐狸、黄鼠狼、猫头鹰甚至狼捕获。

根田鼠

当这种与老鼠相似的哺乳动物在冻原环境中感觉到危险时，它们会沿着迷宫般的隧道迅速逃跑。

磷虾

这种小虾大约有人类拇指那么大，在极地海域大量繁殖。它们是包括企鹅和鲸鱼在内的许多动物的食物。

当海豹长大后，其毛茸茸的被毛被更致密、更具流线型的被毛所取代，并且在其皮下形成一层隔热的脂肪层

大大的眼睛让海豹在冰层下昏暗的光线中拥有极好的视力

海豹幼崽

环斑海豹幼崽出生的头6个星期都藏在雪地里或练习游泳。它们大约一半的时间在水里，每次入水可以屏住呼吸10分钟。

长羽毛的"巨人"

地球上最冷的地方是某些世界上最大的猛禽的家园。这些技术娴熟的掠食者拥有敏锐的视力，能发现几千米外的猎物。浓密的羽毛提供了在这些偏远地区生存所必需的温暖。

朝前的眼睛让雪鸮视野广阔，帮助它们准确判断距离

灵活的颈部关节让雪鸮能够转动头部四处张望

通过在半空中盘旋，雪鸮能觉察地面上的动静

锋利的喙被用来抓捕和杀死猎物

由于捕猎、飞机撞击和车辆碰撞等因素的影响，雪鸮的数量正在迅速下降。而伴随全球气温上升和旅鼠数量减少，它们的数量有可能会进一步下降。

雌性雪鸮的羽毛上有黑色斑点，而雄性几乎是白色的

浓密的羽毛使雪鸮成为北美洲体重最重的猫头鹰之一

雪鸮

!

人靠衣装，鸟靠羽毛

大多数猫头鹰在夜晚捕猎，但生活在北极的雪鸮借助保护色的掩护在白天捕猎。防风的外层羽毛里面有柔软的、毛茸茸的内层。

翅膀尖柔软的羽毛能够降低声音，让雪鸮无声地扑向猎物

雪鸮的巨大翼展可以超过1.5米。

脚上覆盖着蓬松的羽毛用来保暖

突袭杀手

巨鹱

这种巨大的南极鸟类是攻击性很强的袭击者，但也会觅食海豹和企鹅的尸体。向掠食者吐出恶臭的物质的习性使它获得了"臭鸟"的绰号。

矛隼

矛隼是世界上最大的隼类，这种冷酷的猎手生活在北极。矛隼通常会捕捉地面上的啮齿动物和野兔，但偶尔也会从上方空袭猎物。

虎头海雕

这种俄罗斯雄鹰的翼展为2.5米，体重可达9千克，体格健壮，可在水中捕食鱼类，会在严寒来临时储存足够的脂肪过冬。

空中生活

漂泊信天翁大部分时间都在空中度过，着陆只是为了觅食或繁殖，它们甚至可以边飞边睡。漂泊信天翁几乎可以不费吹灰之力用巨大的翅膀滑行，每年为了寻找食物可以在狂风肆虐的南大洋上游弋12万千米。漂泊信天翁的寿命在50年左右，终生只有一个伴侣。

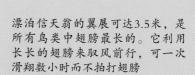

漂泊信天翁的翼展可达3.5米，是所有鸟类中翅膀最长的。它利用长长的翅膀来驭风前行，可一次滑翔数小时而不拍打翅膀

育雏

漂泊信天翁在南大洋的岛屿上繁殖，在只需伸展翅膀就能迎风飞翔的高地上筑泥巢。它们每两年产一枚蛋，父母轮流坐在巢里，而另一半则去寻找食物。它们会反刍一种由半消化的鱼、鱿鱼和磷虾组成的营养丰富的胃油，用于喂养幼雏。

漂泊信天翁具有脚蹼，能像鸭子一样游泳，并且进食后可在海里休息。它们可以潜到1米深，但更喜欢在靠近水面的地方俯冲捕鱼

体重
可达12千克

保护级别
易危

夏季，南极洲周围的岛屿变成了漂泊信天翁的舞台，它们聚集在岛上寻找配偶，表演壮观的求爱舞蹈

漂泊信天翁单次飞行距离可达1万千米。

漂泊信天翁面临延绳捕鱼的威胁——这种用鱼钩钓鱼的捕捞方式，有时会捕获鸟类。

漂泊信天翁

终身伴侣

漂泊信天翁至少要到10岁才找伴侣，但之后就终身相伴。每次见面，夫妻双方都会通过问候、轻触嘴、互相梳理羽毛来巩固彼此的关系。它们每次只产一枚卵，用11周的时间孵化，再用10个月的时间哺育不断成长的幼雏。

漂泊信天翁用鼻孔过滤掉海水中的盐分，直接饮用海水

大规模迁徙

在夏季，大量动物来到北极，寻找食物、繁衍后代。而到了冬天，气温骤降，于是它们经陆、海、空等不同路线向南迁徙到更温暖的地方。其中一些迁徙者在史诗般的旅程中飞出了破纪录的距离。

飞行常客

世界上大约1/3的鸟类有迁徙行为，其中北极燕鸥的迁徙时间最长。这种海鸟每年都会离开北极冰冷的冬天一路飞到南极洲。

北极燕鸥拥有敏锐的视觉，能够在很远的地方发现鱼

喙尖锋利，可以抓住滑溜溜的鱼

纤细的身体和中空的骨头有利于这种轻盈的海鸟进行长距离飞行

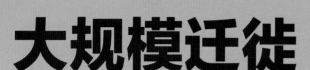

优雅的滑翔者

北极燕鸥也被称为海燕，能够毫不费力地飞越海洋。通过利用翅膀下的风力，它们无须拍打翅膀就能滑行很远的距离，从而节省宝贵的能量。它们还可以在高空悬停寻找猎物，然后以极快的速度俯冲向海浪中捕食。北极燕鸥可能会因避免恶劣天气或追逐大鱼群而改变方向，所以它们在两极之间的漫长路线并不总是相同的。

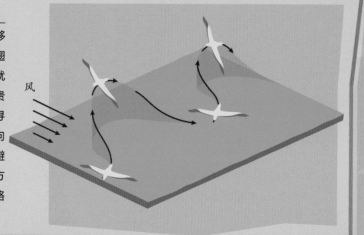

风

体重
可达130克

保护级别
无危

翼展可达85厘米

北极燕鸥在滑翔时翅膀是静止的

北极燕鸥在两极之间的往返行程长达7万千米，非常惊人。

蹼足和短腿蜷缩起来，使身体形成流线型

尾羽在快速飞行时展开，但在潜入大海前会收拢在一起

长途旅行者

饥饿的座头鲸

座头鲸每年迁徙5000千米，是地球上迁徙距离最长的哺乳动物之一。每年夏天，它们离开冰冷的北太平洋，去温暖的热带水域捕食磷虾。

游荡的驯鹿

北极寒冷的冬天迫使100多万只驯鹿迁徙以寻找更温暖的环境和充足的食物。它们勤劳的蹄子一年能跑2575千米。

翱翔的剪水鹱

每年，数以百万计的短尾剪水鹱离开它们在澳大利亚的家园，飞往阿拉斯加的阿留申群岛。其迁徙距离达1.5万千米，大约需要6个星期的时间。

企鹅的游行

在3月，南极洲的整群帝企鹅沿着一条险恶的路线穿越冰雪前往120千米外的繁殖地。

96

三趾鸥

这种海鸥在北极及其附近的陡峭悬崖上大群繁殖，十分热闹。它们通常营巢于小小的悬崖突岩处，宽度刚好容纳一两只幼雏。

厚嘴海鸠

厚嘴海鸠可在多达100万余只的成年海鸠的庞大群体中找到它们的蛋和幼雏。

暴风鹱

虽然看起来像海鸥，但暴风鹱与漂泊信天翁的亲缘关系更为密切。遇到危险时，暴风鹱可通过喷射来自胃中的液体以自卫。

雪鸮

雪鸮广泛分布在北极地区，经常通过猎物在雪下发出的吱吱声和沙沙声来捕猎老鼠等小型哺乳动物。

白鞘嘴鸥

这是唯一不是海鸟的南极鸟类。在冰冷的海岸上，白鞘嘴鸥以海豹群和企鹅群的残羹为食。

绒鸭

这种海鸭生活在整个北极地区。它在巢穴中铺以柔软的羽绒，以前被用来制作羽绒被。

南极鸬鹚

南极鸬鹚是一种海鸟，在水下捕猎，由大蹼足推动它们前行。该物种栖息在多岩石的南极半岛和附近的岛屿上。

北跳岩企鹅

北跳岩企鹅是所有企鹅中最具攻击性的一种，从寒冷但食物丰富的海洋中捕食。

漂泊信天翁

巨大的、长达3米的翼展可让漂泊信天翁在狂风肆虐的南大洋上一连飞几小时而无须拍打翅膀。

北极燕鸥

在北极繁殖后，这种流线型的海鸟飞经世界各地，前往南极海域觅食，行程超过1.9万千米。

极地鸟类

许多鸟类在寒冷的极地地区繁衍生息，尤其是在夏季，无尽的日光使它们有充足的时间为幼雏寻找食物。有些鸟类在冬季会飞往温暖的地方，但也有一些鸟类一年四季都待在那里。

极北朱顶雀

这种小雀鸟主要以树的种子为食，营巢于岩石间或低矮的树木上，冬季会向南迁徙。

大西洋海雀

大西洋海雀用其多彩的喙一次能叼十几条鱼。它利用翅膀游泳，并在水下捕猎。

小海雀

小海雀遍布北极。它捕食类似虾的小型动物，每天能吃掉数千只。

南极贼鸥

尽管力量强大到足以杀死企鹅雏鸟，但与海鸥相似的南极贼鸥更依赖于"偷盗"，经常在半空中偷走其他海鸟的食物。

岩雷鸟

岩雷鸟是一种松鸡，生活在北极没有树木的冻原和高山中。到了冬天，其羽毛变成白色，在雪地里起到保护色的作用。

雪雁

春季，数百万只雪雁从美国一路向北，飞往位于加拿大北极地区的冻原上，进行繁殖。其飞行距离可达5000千米甚至更远。

98

体长
可达3.5米

数百根敏感的触须帮助海象在
海底浑浊的水中寻找食物

盛大聚会

世界上许多动物聚集在一起觅食、繁殖、睡觉或迁徙。对寻找配偶、吓跑掠食者、定位猎物、保护幼崽来说，这是一种很好的方式。在最冷的气候下，大群动物也会挤在一起取暖，度过冬天。

海象用獠牙支撑身体，从海里爬到冰上

出动

在夏季，当北极冰层开始融化时，大群海象被迫上岸，这种现象被称为"出动"。这可能是个十分危险的举动，由于可能会受到其掠食者——北极熊和嘈杂的交通工具的惊吓，海象会为了安全而冲入大海。许多海象（尤其是幼象）在突如其来的踩踏中死亡。

捕猎、污染和人为干扰正在对海象造成伤害，但海冰不断缩小（主要影响出动和育雏）对其构成了更大的威胁。

海象
!

笨重的海象

海象是最强大的海洋哺乳动物之一，拥有庞大而多脂的身体和长长的獠牙，十分容易识别。这些游泳健将潜入深海，在海底捕食贝类，通常在潜水间隙躺在海冰上休息。

在温暖的天气里，血液涌向体表帮助海象降温，这时灰色的皮肤会变成粉红色

体重
可达1.8吨

保护级别
易危

海象强壮而笨重的头
部可以冲破层层冰层

巨大的、强壮的身体

厚度超过10厘米的脂肪
层可在冰冷的极地水域
为海象提供温暖

海象能够在低至-20℃
的环境下生存。

海象撤退

浮冰为大西洋海象及其幼崽提供了避风港。它们可以在阳光下的冰面上休息，而无须担心掠食者或人类靠近它们。这些浮动的平台也是潜水和觅食的理想基地。随着浮冰的移动，海象可以探索新的水下捕猎区域。

每群海象都有一个明确的等级制度。獠牙最长的、最具攻击性的、最年长的雄性海象领导着整个群体。獠牙较小或受损的较小雄性则必须臣服于首领。成年雄性在交配季节打架时，用獠牙当作武器，这会在它们厚厚的皮肤上留下许多明显的伤疤。

▲ 这头雄性大西洋海象潜入海底，在格陵兰海岸寻找蛤蜊

游泳健将

企鹅是典型的海鸟，以鱼类、鱿鱼和磷虾为食。虽然它们在陆地上行走笨拙且无法飞行，但在水中却非常敏捷。企鹅还可以耐受地球上最冷的天气。

王企鹅翅膀太短，不适合打斗，但它的尺寸和形状却适合在水下推动其游动

长而尖的喙非常适合捕捉快速游动的鱼和鱿鱼

王企鹅的眼睛中有特殊的晶状体，在空中和水中都能看得很清晰

王企鹅的羽毛

王企鹅的羽毛短而密，不仅在水中呈流线型，还有助于在陆地上为它们保暖。坚硬的外层羽毛可以防止外界冷空气进入，而内层羽毛则用来阻隔空气。在王企鹅游动时，空气被挤出羽毛，以防内部热量散失，羽毛下面的一层皮下脂肪可以帮助企鹅抵御寒冷。

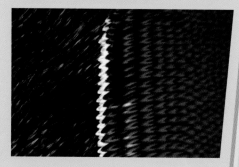

▲ 王企鹅浓密的羽毛

王企鹅的白色腹部使其难以从下方被发现，有助于躲避敌人

孵化

王企鹅在围绕南极洲的南大洋海域多岩石岛屿上集群繁殖。雌性王企鹅一次只产一枚巨大的蛋，孵化期为7~8周。雌雄轮流为蛋保温（12~21天），而另一半则去海上捕猎。蛋孵化后，父母轮流为雏鸟取暖3~4个月，交替去寻找食物。大概需要一年多的时间，小企鹅才能独立觅食。

▶这只企鹅正在努力让蛋在其大脚上保持平衡

层层浓密的羽毛赋予企鹅流线型的体形，在游泳时能够节约能量

平均而言，一只王企鹅每次捕鱼要潜水865次。

气候变化导致的海水变暖可能会使王企鹅捕食更加困难，到2100年，多达70%的王企鹅可能会消失。

在皮下有一层厚厚的用来保温的脂肪

深水中的潜水员

王企鹅的个头在整个企鹅家族里排名第二。它主要以鱼为食，常因捕食而潜入300米或更深的地方。像其他企鹅一样，它们通过拍打有力的翅膀而在水中滑行。

王企鹅

!

站在陆地上时，短而硬的尾巴被用作支撑物

大而有蹼的脚在游泳时充当转向舵

企鹅游行

在厚厚的自身脂肪层和致密的羽毛的双重保护下，企鹅非常适合在冰冷的南极海域和从南极洲向北流向赤道的寒冷洋流中捕猎。

帝企鹅

帝企鹅是最大的企鹅，高达1.2米。帝企鹅是唯一在南极洲海冰上繁殖的企鹅。雄性在冬季孵蛋，将蛋置于脚上以远离冰面。

阿德利企鹅

与帝企鹅一样，这种企鹅比其他企鹅的繁殖地都更靠南。它具有惊人的运动性，可以跳出水面3米高，再降落在浮冰上。

洪堡企鹅

洪堡洋流流经南美太平洋海岸，虽然寒冷但食物丰富。洪堡企鹅在这里捕食，并在其附近的沙滩上筑巢。

黄眼企鹅

黄眼企鹅是世界上最稀有的企鹅之一，生活在新西兰南部海岸和岛屿上。它不像大多数企鹅那样集群繁殖，而是在灌木丛中以家庭为单位各自筑巢生活。

皇家企鹅

与马可罗尼企鹅相似，皇家企鹅只在新西兰附近南大洋的玛奎丽岛筑巢。繁殖季节结束时，皇家企鹅离开该岛去海上生活。

加岛环企鹅

加岛环企鹅是唯一的热带企鹅，虽然生活在加拉帕戈斯群岛上，但它在环绕该岛的洪堡洋流的寒冷水域中捕食。

巴布亚企鹅

巴布亚企鹅生活在南极海域，主要以磷虾为食。它比其他企鹅游得更快。

马可罗尼企鹅

这是冠企鹅中的一种，头上有艳丽的黄色羽毛，是最常见的企鹅，在南极洲的岛屿上筑巢，数量多达630万只。

王企鹅

虽然外形与帝企鹅相似，但王企鹅的个头小一些，只有1米高。王企鹅在亚南极岛屿上繁殖，在营巢地有可能会形成多达10万对以上的庞大群体。

帽带企鹅

帽带企鹅在南大西洋的岛屿上繁殖，因有一条看起来像帽带的黑色条纹而得名。有些帽带企鹅在活火山的斜坡上筑巢，目的是为蛋保温。

斑嘴环企鹅

斑嘴环企鹅像驴子一样用响亮的叫声吸引配偶，有时也被称为非洲企鹅。有些斑嘴环企鹅在非洲纳米布沙漠的骷髅海岸上繁殖。

小蓝企鹅

小蓝企鹅只有40厘米高，栖息在澳大利亚和新西兰的南部海岸。它们白天下海捕食，晚上返回陆地。

跳岩企鹅

这种头戴黄冠的企鹅善于在崎岖的海岸上从一块岩石敏捷地跳到另一块岩石上，这对其繁殖有利。它们经常为了筑巢地点而发生争斗，用鳍状肢拍打对手。

翘眉企鹅

珍稀濒危的翘眉企鹅只在新西兰南部的几个岛屿上繁殖。和其他企鹅一样，它在海上过冬，春天回到多岩石地面上聚集大群筑巢。

麦哲伦企鹅

麦哲伦企鹅以探险家费迪南德·麦哲伦的名字命名，常见于南美洲南部海岸，是洪堡企鹅的亲戚。

冰上巡游

漂浮的海冰是极地动物的安全庇护所，但危险从来不会远离。虎鲸在冰层下游弋，寻找猎物、掀翻浮冰让其落入口中。在北极，北极熊凭借灵敏的嗅觉找到猎物；而在南极，黑暗的海水中则隐藏着致命的豹形海豹。

敏感的触须能追踪水中的猎物

高达80%的食蟹海豹身上有受豹形海豹攻击留下的伤疤。

在企鹅聚集繁殖的夏季，小型企鹅是豹形海豹最喜欢的猎物

豹形海豹抓到企鹅后，会用力摇晃它们直至猎物死亡

后牙闭合时锁在一起犹如筛子一般，可从水中滤出磷虾

伏击杀手

在南大洋，善于掠食的豹形海豹潜伏在水下，靠近浮冰边缘，随时准备伏击滑入或潜入海中的小型海豹或企鹅。

有力的犬齿能牢牢抓住挣扎的猎物，并将它们的肉剥离下来

巨大的嘴巴和宽阔的嘴裂帮助豹形海豹抓住大型猎物，如食蟹海豹

气候变化导致的海冰萎缩使其猎物（比如企鹅和其他海豹）面临威胁，这对豹形海豹的长期影响尚不确定。

豹形海豹

!

在游动时，豹形海豹用尾巴提供动力，用前鳍控制转向

体重
可达600千克

保护级别
无危

在等待捕猎时，深灰色的背部
有助于豹形海豹隐藏在水中

白色的腹部具有黑
斑，而黑色的背部具
有白斑。豹形海豹因
这些斑点而得名

罗斯海豹

这种鲜为人知的南极海豹在厚厚的浮冰下、黑暗的深水中捕食鱿鱼和鱼类。它有着异乎寻常的大眼睛，能在黑暗中看清东西。

环斑海豹

环斑海豹遍布北极，在海冰上繁殖。雌性环斑海豹在冰面上的呼吸孔处挖雪洞，将幼崽藏起来以躲避北极熊的捕食。

髯海豹

髯海豹因其长而敏感的触须而得名。它们利用触须在北极浅海海床上寻找螃蟹和蛤蜊等猎物。

南象海豹

体形庞大的雄性南象海豹有象鼻状的鼻子，它们在亚南极岛屿的海岸上争夺雌性时，鼻子会发出嘹亮的声音。

食蟹海豹

食蟹海豹的有分叉的牙齿互相连接形成筛子状，能够从冰冷的南极海水中滤出磷虾。

流线型的海豹

海豹拥有流线型、隔热性能良好的身体，非常适合在冰冷的水中捕猎。但它们不在海上哺育幼崽，而是回到岸边或在浮冰上繁殖。

冠海豹

冠海豹生活在格陵兰岛周围的北极海域，因雄性脸部具有奇特的、会膨胀的"兜帽"而得名。

兜帽

竖琴海豹

在大西洋北部和北冰洋附近，竖琴海豹在漂浮的海冰上集群繁殖。它们因通体雪白、毛茸茸的幼崽而闻名。

威德尔海豹

成千上万的威德尔海豹生活在南极海冰上。它们在海冰下面的深水中捕猎，利用牙齿在冰上打出呼吸孔。

豹形海豹

这是唯一捕食其他海豹的海豹。它在南极海冰周围的水域游弋，捕捉并吃掉小型海豹和企鹅。

昏昏欲睡的"巨人"

格陵兰睡鲨生活在极寒的北冰洋中，以行动缓慢著称。其游动速度比任何其他同类鱼都慢，通过在黑暗的深水中潜行来捕捉大部分猎物。由于游动速度不到其他鲨鱼的一半，格陵兰睡鲨的寿命是其他鲨鱼的2倍多。

北极"巨人"

格陵兰睡鲨是最大的鲨鱼之一，在体形上可与巨大而著名的大白鲨媲美。但格陵兰睡鲨的栖息地位于北极几近结冰的海水里，两种鲨鱼的生活方式大不相同。格陵兰睡鲨成长速度非常缓慢，至少需要100年才能成年。

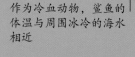

作为冷血动物，鲨鱼的体温与周围冰冷的海水相近

爬行食肉动物

行动缓慢的格陵兰睡鲨在某种程度上是"清道夫"，以"残羹剩饭"为食，偶尔还会啃食死鲸的尸体。人们甚至曾在一只格陵兰睡鲨的胃里发现了溺水驯鹿的尸体。尽管格陵兰睡鲨行动迟缓，但它也吃鱼类、海豹，甚至海鸟。格陵兰睡鲨会悄悄游到猎物上方，趁其不备抓住猎物。

与其他鲨鱼一样，格陵兰睡鲨的皮肤上布满了带刺的牙齿状鳞片

重量
可达1吨

保护级别
近危

上牙呈窄尖刺状，用于抓取猎物；而下牙像锯片一样锋利

格陵兰睡鲨生长得非常缓慢，雌性直到100岁才繁殖，因此它们很容易受到过度捕捞的威胁。

格陵兰睡鲨

!

格陵兰睡鲨嗅觉敏锐，鼻子里的电传感器可以探测到猎物的动向

眼睛里经常寄生着使格陵兰睡鲨半盲的小寄生虫

对于鲨鱼来说，格陵兰睡鲨的第一背鳍异常小

格陵兰睡鲨动作迟钝、呼吸缓慢，因此它们的鳃裂比较小

格陵兰睡鲨的寿命可能超过500年。

海浪冲刷

在南极海域，虎鲸家族经常合作猎捕栖息在浮冰上的海豹，它们以紧密的队形一起游弋，冲向冰面，再潜到冰下。这会掀起一股浪花，冲刷着冰层。海浪把海豹从浮冰上卷走，冲进正在等待的"猎人"口中。虎鲸幼崽经常跟随成年鲸学习这些技巧。

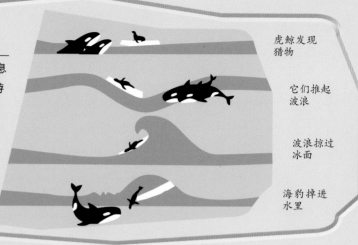

虎鲸发现猎物

它们推起波浪

波浪掠过冰面

海豹掉进水里

虎鲸经常将头探出水面以观察周围环境，这种现象被称为浮窥

虎鲸没有鼻孔，而是通过头顶的一个气孔呼吸

虎鲸通过前额器官发出的咔嗒声的回音来寻找鱼群

吹口哨的鲸鱼

虎鲸也被称为逆戟鲸，以小型母系家庭为单位生活，通常几个有亲缘关系的家庭会组成一个叫作小社群的较大群体。每个小社群都有独特的咔嗒声、口哨声和呼叫声等专属语言。

虎鲸坚固的锥形牙齿多达52颗，能牢牢咬住挣扎中的猎物

虎鲸是黑白相间的，背部有灰色斑块。每头虎鲸的体表图案都略有不同

体重
可达6.6吨

保护级别
不确定

可怕的杀手

虎鲸是世界上体形最大、实力最强的食肉动物之一，生活在世界上所有的大洋中，但在寒冷的极地海域最常见。在那里，它们捕杀各种猎物，包括鱼类、海鸟、海豹，甚至其他鲸鱼。有些虎鲸专门捕食一种猎物，使用合围战术来智取、捕捉猎物。

虎鲸面临污染和捕猎的威胁，但气候变化的长期影响尚不明确。

虎鲸

!

钩状背鳍表明这是一只雌性，雄性则具有更高的三角形背鳍

虎鲸皮下厚厚的脂肪能抵御寒冷，并使其呈流线型

虎鲸幼崽在母亲身边游泳。它将在2岁时独立，但也可能终生都跟随母亲一起生活

**虎鲸有时会杀死
并吃掉大白鲨。**

虎鲸通过上下挥动有力的尾巴在水面穿行

神奇的獠牙

一角鲸引人注目的螺旋状獠牙在鲸鱼界独一无二，识别度极高。在中世纪的欧洲，一角鲸的獠牙被当作独角兽的角出售，其价值超过了同等重量的黄金。獠牙可长至一角鲸体长的一半以上，雄性之间用来显示优势或进行打斗。

雄性一角鲸有时会将獠牙交缠到一起进行"较量"，这有助于确立它们的社会地位

大约1/10的雌性一角鲸会长獠牙。极少情况下，有些雄性会长2根獠牙。

像所有的齿鲸和海豚一样，一角鲸通过头顶的气孔呼吸

冰上的小社群

小群的一角鲸在北冰洋浮冰中过冬，也被称为小社群。它们在冰上有空隙的地方浮出水面进行呼吸，有时可能需要用自身力量来突破空隙。当海水迅速结冰时，它们有时会被困在冰下，因为缺氧而被淹死。

獠牙中的感觉神经末梢多达1000万个，可以检测到海水盐分的微小变化

一角鲸的肌肉将氧气储存在肌红蛋白中，使其可以潜至1500米甚至更深

自带装备

一般来说，只有雄性一角鲸有獠牙。獠牙中有数百万条神经，对海水中的化学物质敏感，有助于雄性一角鲸发现潜在的伴侣。

雄性一角鲸的獠牙可长达3米，呈螺旋式生长

一角鲸左上颚的犬齿非常长

由于一角鲸在冬季总是返回同一片结冰的捕食地，不断缩小的海冰可能会影响它们的生存。

皮下厚厚的脂肪防止一角鲸散失宝贵的体温

一角鲸

!

白鲸

　　白鲸因其洁白的皮肤而在鲸类中独一无二。它们生活在北极冰冷的海水中，以鱼类、鱿鱼和贝类（螃蟹、蛤蜊等）为食。其肤色是一种保护色，可能是对在海冰中漂浮生活的一种适应，使其免受虎鲸和北极熊等敌人的威胁。

冷水中的"猎人"

　　一年中的大部分时间，白鲸都在海冰下面以及周围捕猎。它们为此做好了充分准备，厚厚的体脂可以保持体温，敏锐的听觉可以探测到猎物的位置。

虽然白鲸的眼睛适应水下视物，但它的视力相当差

与一角鲸一样，白鲸每年夏天都会蜕去外层磨损的皮肤

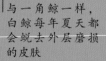

重量
可达1.6吨

保护级别
无危

额隆处的"脂肪瓜",利用白鲸叫声的回音来定位猎物和其他物体

白鲸和同伴在一起游弋时经常会吐泡泡圈,这可能是一种交流方式

白鲸皮下厚厚的脂肪占到其体重的一半。

白鲸依靠听觉来寻找猎物、发现敌人

白鲸小而尖的牙齿多达40颗,用来捕食滑溜溜的猎物,比如鱼

在白鲸依靠尾巴的摆动在海里游动时,小而圆的鳍状肢被用来控制方向

会唱歌的鲸

　　白鲸是非常善于交际的动物。它们生活在小群体或小社群中,通常由大约10个成体及其幼崽组成,但也可能聚集形成多达数千只的庞大种群。它们利用各种各样的唧唧声、口哨声和吱吱声保持联系。这些白鲸的声音如此美妙,因此而得名"海上金丝雀"。

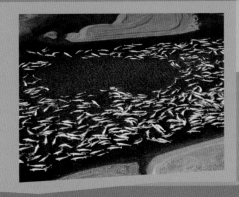

庞然大物的旅程

　　座头鲸是体形最长的哺乳动物之一，在每年的迁徙中，通过气泡网捕鱼来进食。座头鲸在极地水域度过春天和夏天，享用丰富的磷虾和小鱼。它们张开大嘴，捕食大量的海洋食物，并通过粗糙的鲸须过滤掉不需要的海水。座头鲸每天吃2500千克的食物，所以到了秋天，它们就囤积了长途旅程所需的全部能量。

　　这些身体呈流线型的"游泳运动员"以高达8千米每小时的速度行进，单程达8300千米，偶尔会停下来休息。在北方的冬季，它们到达热带水域并产下幼崽。此时座头鲸只能依靠它们的脂肪储备来生存。到了春天，它们将返回位于两极附近的觅食地，一年一度的迁徙又开始了。

▲ 螺旋形姿态向上游动，同时嘴里吐出许多气泡形成圆柱形或管形的气泡网，围住猎物，吞食猎物。

海洋"巨人"

鲸类高度适应海洋生活，厚厚的脂肪层使它们能够在冰冷的极地海洋中繁衍生息。有些鲸类依靠捕猎获取食物，还有一些则滤食水中的小型动物。

白鲸

白鲸是齿鲸的一种，生活在北冰洋浮冰上，主要以鱼类为食。作为一种齿鲸，白鲸也像蝙蝠一样通过回声定位猎物。

一角鲸

这种齿鲸生活在北极，以其长而尖、具有螺旋状沟槽的獠牙（可长至3米）而闻名。所有的雄性一角鲸至少有1根獠牙，有的有2根，但只有少数雌性有獠牙。

灰鲸

不寻常的是，灰鲸在北太平洋浅海的海床上觅食，寻找躲藏在泥土和沙子中的动物。它们在北极过夏天，然后南迁越冬。

弓头鲸

弓头鲸是一种须鲸，其巨大的嘴巴内衬着刷子状的鲸须，没有牙齿。当弓头鲸在北极缓慢游动时，鲸须起着过滤器的作用，从水中过滤出类似虾的小型动物。

座头鲸

座头鲸是一种滤食性的须鲸，像弓头鲸一样，以其"歌声"和戏剧性地跃出水面而闻名。它主要捕食北极和南极水域的鱼类，但迁徙到温暖的热带水域繁殖。

杀手鲸

可怕的杀手鲸也被称为虎鲸，是最强大的海洋猎手。它们在北极和南极海域游弋以寻找猎物，猎物范围包括大型鱼类、海豹、企鹅，甚至其他鲸鱼。

小须鲸

这种体形相对较小的须鲸有两种，一种分布在北极和南极海域，另一种仅限于南极海域。它们以磷虾和小鱼为食，又常被虎鲸捕食。

蓝鲸

这种巨大的须鲸是有史以来最大的动物。它们以比拇指还小的磷虾为食，每天从寒冷的极地水域滤食数百万只磷虾。

四隅高体八角鱼

这种多刺的鲉鱼生活在北太平洋海岸和附近的北冰洋，以沙质或石质海床上的小型动物为食。

鳄冰鱼

在受"抗冻剂"保护的南极鱼类中，鳄冰鱼是唯一血液中没有血红蛋白的脊椎动物。它们以小型鱼类为食。

北极鲑

北极鲑是鲑鱼的近亲，生活在北极周围的湖泊和沿海水域。它们在淡水栖息地产卵，方式与鲑鱼相同，性成熟后的雄性会变成亮红色。

南极鳕鱼

南极鳕鱼体长1.8米，是冰冷的南极海域中发现的最大的鱼类之一，被海豹、巨型乌贼和虎鲸等广泛捕食。

毛鳞鱼

大群毛鳞鱼在北冰洋中游动，以海冰边缘聚集的浮游生物为食。而它们被大型鱼类、海鸟和因纽特人捕食。

江鳕

江鳕是一种鳕鱼，可长至1.2米。在北极地区的湖泊和河流中随处可见，江鳕一年中的大部分时间生活在冰下。

杂色杜父鱼

这种小鱼生活在多石的北极和山间溪流中。雄性为数只雌性的卵筑巢，守护它们直至孵化。

冷水性鱼类

冰冷的极地水域富含氧气，大量微小生物在这里繁衍生息。这里是能够耐受极度寒冷的鱼类的理想栖息地。有些甚至自备了"抗冻剂"以防自身被冻住。

柯氏狮子鱼

柯氏狮子鱼生活在北极，身体呈蝌蚪状，适应深海海水（其冰点低于淡水）中的生活，可长至30厘米。

北极茴鱼

这种淡水鱼生活在北美洲的北极地区和西伯利亚的河流和湖泊中。因拥有巨大的背鳍和百里香的气味而闻名。

北极鳕鱼

北极鳕鱼生活在比其他鱼类更靠北的地方，是包括环斑海豹和白鲸在内的许多大型极地动物的主要猎物。

北极鳐

这种鲨鱼和鳐鱼的近亲广泛分布于北极和南极的各海域，它们适应了海底的生活，在海底捕食底栖动物。

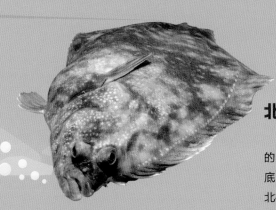

北极光鲽

这种比目鱼的双眼位于头部的同一侧，因此可以隐藏在海底，伺机伏击猎物。它们生活在北极周围的沿海海域。

蛙类冻结时会停止呼吸，
这种状态可持续数月

冻融

　　木蛙每个季节可冻融几次而无任何不良影响。这种情况经常发生在冬季的开始和结束时，气温在夜间降至0℃以下，但白天又会上升。反复冻融甚至有助于青蛙的生存，因为这会刺激蛙类肝脏产生葡萄糖（一种保护蛙类身体细胞不受冻伤的糖）。

蛙类的心脏停止跳动，
血液冻结，但令人惊讶
的是，这并没有导致其
死亡

如果蛙类体内的冰
不超过2/3，它就能
存活下来

冻结的蛙类

　　当冬季气温跌至冰点以下时，许多小型陆生动物躲藏到永不结冰的深洞里。但有些动物，特别是昆虫、某些爬行动物和两栖动物，在解冻并恢复正常身体机能前，能够在部分冻结状态下存活数周。它们都生活在遥远的北方，而在南极洲是不存在的。

体长	重量	保护级别
可达75毫米	最多8克	无危

冰在其皮肤上形成时，将触发蛙在冰冻中存活下来的过程

木蛙冻结后，身体会变得坚硬，像玻璃做的一样。

结冰的蛙

蛙类不能控制自己的体温，如果周围环境结冰，蛙类也会结冰。美国木蛙的体液在冬天会结冰，但被称为"抗冻剂"的化学物质能将冰晶的损伤降至很小。两种主要的"抗冻剂"分别是葡萄糖（一种糖）和一种叫作尿素的化学物质（来自青蛙的尿液）。

无脊椎动物奇观

寒冷的极地海洋富含矿物质，这使得大量被称为浮游生物的微小生物能够在充满阳光的水中繁衍生息。成群的无脊椎动物生活在水中或海床上，浮游生物是它们的食物。其他无脊椎动物以沉入海底的残渣为食，其中不乏致命的掠食者。

巨型海蜘蛛

巨型海蜘蛛生活在南极洲周围的海洋中，可以长至50厘米宽。它们捕食软体动物，用刺吸式口器刺伤它们，然后吸出汁液。

帝王蟹

拥有大长腿的帝王蟹广泛分布于寒冷的海洋中，它们在海床上搜寻动物猎物、鱼卵和可食用的残渣。

巨型鱿鱼

这种巨大的动物可长至13米长，在海洋深处捕食鱼类，并被抹香鲸捕食。

南极扇贝

像其他扇贝一样，这种双壳软体动物滤食水中的浮游生物。它们生活在南极洲附近（冰层以下）的海底。

长鼻蠕虫

这种巨大的海洋蠕虫潜伏在南极海底。它们用一种叫作长鼻的长而黏的舌头捕捉猎物。这种舌头像袜子一样由内而外，瞬间从头部射出。

被长鼻蠕虫吞噬的水母

南极海胆

这种多刺的海胆经常与南极扇贝一同生活在厚厚的海冰下。它们不仅吃其他动物，还以浮游生物为食。

南极磷虾

南极磷虾是一种磷虾，在寒冷的海洋中（尤其是在南极洲附近）形成庞大的种群，它们是许多企鹅、鲸类和海豹的主要猎物。

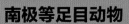

南极海星

南极海星是生活在冰冷的南极海洋中最常见的海星之一。它们几乎会吃掉所有在海床上能找到的东西——无论是活的还是死的。

南极等足目动物

等足目动物看起来像巨大的木虱。它们生活在海底，在寒冷黑暗的海底觅食能找到的任何动物尸体。

巨型火山海绵

令人惊奇的是，这种动物在南极洲周围的冰冷海域中已经生活了数千年。它们通过过滤水中的微小食物颗粒来进食。

冰上的人类

人类在北极生活了几千年，主要靠打猎和捕鱼生存。相比之下，在1820年以前，人类对南极洲的存在一无所知，南极洲唯一的长期居民是探险家和科学家。

几个世纪以来，毛茸茸的海豹皮和其他动物毛皮被用来制作御寒衣物

带刺鱼叉传统上被用来猎杀海豹和鲸鱼，但现在许多因纽特人也使用步枪

现代装备比如冰靴已经将许多因纽特人的传统装备取代

冰上狩猎

因纽特人在阿拉斯加、加拿大的北极地区和格陵兰岛生活了1000多年。他们主要靠打猎和采集野生食物为生。他们一年中大部分时间都以游牧方式生活，依靠捕获的动物来提供食物以及制作衣服、工具和武器所需的材料。

传统上，大多数狩猎是由
男人完成的，但许多女人
也是技术娴熟的猎人

因纽特人使用一种被
称为皮艇的由动物皮
覆盖的小型独木舟捕
获海洋动物，这种设
计已经在世界范围内
得到广泛应用

冬天，因纽特人传
统上只吃肉和鱼。

北极气温上升的速度
比其他地方都快，对因纽
特人的生活方式至关重要
的海冰也随之慢慢融化。

北极冰川

!

冬季狩猎

冰上捕鱼

冬季，当海洋和湖泊结冰时，因纽特
人会从冰洞里叉鱼，用鱼饵引诱鱼，而在
开阔的水域中，则乘皮划艇捕鱼。

捕猎海象

传统上，因纽特人在海上或冰上
用重型鱼叉捕食海象。海象被吃掉后，
它们的皮和象牙被用于制作衣服、船
只、武器和工具。

新的生活方式

虽然传统技艺对因纽特人来说
仍然很重要，但现在事情已经发生
变化。许多人开始从游牧转变为定
居（住在房子里），传统游牧文化
已受到威胁。

由于全球变暖、海冰融化，海洋动物的数量减少，北极居民的传统生活方式将难以维系。

多尔干人每年都跟随着驯鹿迁徙。

北极的传统 !

雪橇屋被设置在像滑雪板一样的滑行装置之上，这样驯鹿就可以轻松地将它们拉过雪地。在夏天，大多数多尔干人搬至移动性较差的木屋

被称为雪橇屋的帐篷式房屋内衬有温暖的驯鹿皮，并用小炉子加热取暖

狗能帮人放牧驯鹿，是很好的狩猎伙伴

北极人类

因纽特人

格陵兰岛、加拿大和阿拉斯加的原住民被称为因纽特人。他们曾追随猎物而居，但现在共同生活在小型社区里。

萨米人

斯堪的纳维亚半岛北部和俄罗斯的萨米人在北极生活了数千年。他们曾经跟随驯鹿而生，但现在从事各种行业。

楚科奇人

楚科奇人的村落位于俄罗斯最东部地区。尽管传统生活方式日益衰落，但仍然有些人捕鱼和猎杀驯鹿。

冰上的生活

大约有400万人居住在北极。许多人居住在沿海星罗棋布的现代化城镇，但也有一些人秉承祖先传统，居住在更偏远的地方。许多北极居民以打猎为生，但随着海冰融化的时间逐年提前，他们的生活方式也受到了威胁。

饲养驯鹿

多尔干人居住在俄罗斯西伯利亚北极圈以北、大约1000千米处。他们能在地球上最恶劣的环境中生存。

在严寒的冬季，温度可降至-50℃，多尔干人用驯鹿皮制作衣服来保暖

驯鹿用鹿角和蹄子把冰雪推开，啃食下面的地衣和苔藓

多尔干人以放牧驯鹿、狩猎野鹿、诱捕鸟类、捕鱼为生。驯鹿是他们的主要交通工具

冰屋

在北极寒冷的冬天，心灵手巧的因纽特人利用冰雪建造了冰屋。基于游牧民族的迁徙特性，他们的房屋必须易于建造。冰屋是在不到1小时的时间里，用压实的雪块建造的，冰晶之间的空气起到了隔热作用。因纽特人用驯鹿皮和海豹皮制成的衣服来保暖。安全的庇护所和舒适的衣服共同抵御外界的寒冷。如今，因纽特人仍然会建造冰屋，但这些通常是猎人的临时住所，而不是定居地。

▲ 在雪地上做冰屋外墙的记号，而锯子则用来切割多个雪块

▲ 通过将雪块呈螺旋状排列来建造外墙

▲ 堆叠这些略有倾斜的雪块，形成一个圆顶，并留有空隙用来通风

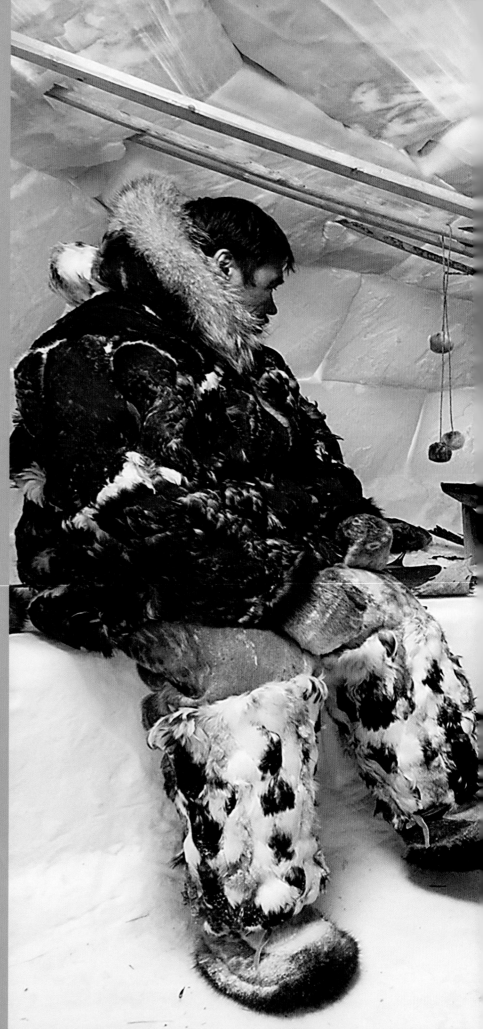

136

登山

几千年来，无数奇山激发着人们的想象。古代文明把它们奉为神灵的圣地。到了18世纪，科学家们开始研究山脉，随着登山者登上世界最高峰的峰顶，登山很快发展成为一项运动。

1975年，田部井淳子成为首位登上珠穆朗玛峰的女性。

缩小间隙

登山者有时不得不穿越冰川上的裂缝，称为冰隙。如果没有特殊设备，如可折叠的梯子和绳索，大冰隙是无法穿越的。然而，珠穆朗玛峰上有很多冰隙，所以铝制梯子被永久地铺设在上面，随时可供每位登山者使用。

勇敢的登山者

克里斯·波宁顿

英国登山家克里斯·波宁顿爵士（1934—）16岁开始登山。他于1985年成功登上珠穆朗玛峰，并因对登山运动的贡献而被封为爵士。

莱因霍尔德·梅斯纳尔

意大利的莱因霍尔德·梅斯纳尔（1944—）是首位征服每座海拔均在8000米以上的山峰的登山者，也是首位无氧登顶珠穆朗玛峰的人。

莱昂内尔·泰瑞

法国登山者和滑雪教练莱昂内尔·泰瑞（1921—1965）因破纪录攀登阿尔卑斯山脉而闻名。他还登上了喜马拉雅山脉和安第斯山脉的顶峰。

随着气温不断上升，全球许多山脉的冰川正在融化，迫使登山者寻找新的登顶路线。

融化的山脉

双手持握冰镐，用以开辟出一条登山路线

绳索用螺栓固定在冰面或岩石上

登山背带

山区天气多变，大雪、大风或浓雾常常使登山者处于危险之中

在0℃以下的环境中，身穿数层防风防水的衣服用以保暖

登山靴上有金属钉，叫作冰爪，用于抓牢冰面

登山

登山运动在18世纪开始流行，当时英国登山者开始在阿尔卑斯山脉攀登山峰。最高的勃朗峰是1786年由法国医生米歇尔·加布里埃尔·帕克卡征服的。而阿尔卑斯山脉的所有主要山峰都已在19世纪70年代被征服。

西北航道

几个世纪以来，在北极海冰中寻找一条从大西洋到太平洋的路线都是一个巨大的挑战。许多探险家尝试过所谓的西北航道，但迷宫般的浮冰和变化无常的天气一再导致灾难发生。直到1906年，这条航线才最终得以确定。

罗尔德·阿蒙森从因纽特人那里学到了生存技能——身穿驯鹿皮，乘坐狗拉雪橇航行。

随气候变化，西北航道的冰量逐渐减少，航行变得更加容易。

冰川融化

"格约亚"号穿越了加拿大北极群岛的许多岛屿和浮冰，最终到达白令海峡

冰屋是阿蒙森建造的，用于躲避恶劣天气

船体经过加固，可承受海冰的撞击

挪威国旗

"格约亚"号的目标

　　尽管是一艘旧渔船，但"格约亚"号却是首艘穿越西北航道的船只。船上有挪威探险家罗尔德·阿蒙森及6名船员。他们于1903年起航，在加拿大北部的威廉国王岛停泊了2年，并于1906年完成了航行。

船帆由结实的帆布制成，能抵御狂风

小型应急救生艇

改装后的鲱鱼船上备有足够3年使用的补给品

失败的探险

马丁·弗罗比舍

　　在16世纪70年代，英国水手马丁·弗罗比舍试图寻找西北航道，他到达了巴芬岛，最终带着3名因纽特人俘虏和一些黄铁矿（俗称傻瓜金）返回英国。

亨利·哈德逊

　　1610年，英国航海家亨利·哈德逊的船被困在加拿大北极地区的冰层中，一次注定要失败的探险结束了。在此期间，船员们发动了一场叛乱，哈德逊被放逐到海里的一艘小船上，从此下落不明。

简·富兰克林夫人

　　1845年，约翰·富兰克林爵士和128名船员起航寻找西北航道，但从此一去不回。简·富兰克林女士坚持要求英国海军搜救她的丈夫，导致搜救队40多次远征，这有助于绘制加拿大北极地区的地图。

北极

19世纪，欧洲和美国的探险家将注意力转向了地球最北端——位于北冰洋中心的北极。胜出者将是第一支能够经受严寒、冰层移动和致命暴风雪的队伍。

挪威探险家弗里德约夫·南森及其团队（上图）走在了极地探险的最前沿，他们在1893年的北极探险中采用了当地因纽特人的生活方式。他们捕猎北极动物以获取皮毛和肉类，利用强壮的狗拉雪橇来获取补给。南森还设计了一种特殊的船，可以在冰中冻结而不是被浮冰摧毁，他的计划是一路漂流到极点。这艘名为"弗雷姆"的船在北极强洋流中载着船员漂流了3年，但最终没有达到目的地——北极点。

▲ 1909年，北极探险家罗伯特·皮尔和马修·汉森（上图）到达北极，他们声称自己是第一批到达北极点的人，但这一说法后来遭到质疑。直至1968年，有关第一次征服北极点的争议才得到解决

奔向南极点

地球上最冷的大陆——南极洲是在18世纪被发现的。南极点位于其冰封的中心，在20世纪成为探险者的目标。1911年12月14日，罗尔德·阿蒙森在南极点插上了挪威国旗。

厚实的毛皮衬里兜帽有助于抵御呼啸的、冰冷的风

穿动物毛皮是阿蒙森从因纽特人那里学到的众多生存技能之一

尽管南极洲正在变暖，但其主要冰原仍完好无损。如果所有的冰都融化，全球海平面将上升58米。

海平面上升

！

极地探险家们用雪鞋来分散体重，以防陷进雪里

残酷的比赛

1911年10月19日，阿蒙森的5人小组带着52只狗和4辆雪橇从大本营出发，开始了对南极点的冲击。他们将狗逐渐杀死并吃掉，从而减少运送补给的需求。英国探险家罗伯特·法尔肯·斯科特在12天后出发，于1912年1月17日抵达南极点，结果发现阿蒙森捷足先登。斯科特他们历经1300千米的艰难跋涉，却在返程途中被暴风雪困住最终遇难。

斯科特穿着更为传统的衣服，戴着围巾和盔式帽御寒，其装备不如阿蒙森

南极探险家

欧内斯特·沙克尔顿爵士

尽管英国探险家欧内斯特·沙克尔顿爵士两次尝试南极探险，却一直未能如愿。他最成功的一次是在1908年抵达距南极点155千米的地方。

詹姆斯·克拉克·罗斯爵士

在1838—1843年，英国海军军官詹姆斯·克拉克·罗斯绘制了南极海岸的大部分地图。罗斯冰架（上图）、罗斯岛和罗斯海都是以他的名字命名的。

罗尔德·阿蒙森比罗伯特·法尔肯·斯科特抵达南极点的时间要早33天。

英雄时代

20世纪初是南极探险的英雄时代。从1898年到1922年的黄金时代，为到达极地，世界上最勇敢的冒险家们竞相进行大胆的探险。要想在地球上最具挑战性的地方生存下来，需要周密的计划、合适的衣服和装备以及一点点运气。

不断升高的气温使南极海冰逐渐融化，并为游船开辟了新航线。当船只意外漏油时，环境就会受到破坏。

漏油

!

探险必需品

靴子

极地探险家们脚穿驯鹿皮靴。皮靴内衬毛毡或者干草，在低温的情况下用于保温。

雪橇

用木头和绳索做成的雪橇来拉运物资。探险队用手拉雪橇，或用小马和狗（拉雪橇）以便更快地前行。

睡袋

驯鹿皮和海豹皮被用来制作保温睡袋。然而，在潮湿或冰冻的情况下，它们就变成了沉重的负担。

马鞋

英国探险家罗伯特·法尔肯·斯科特用特制的竹雪鞋保护他的西伯利亚小马，将雪鞋用皮带系在马蹄上。

木制滑雪板

长长的木制滑雪板被用来穿越危险的冰面。在滑雪板底部涂上一层蜡，使其更平稳、更快速。

食物配给

定量配给食物以减轻雪橇上的重量。每个人一天的标准口粮是美味的肉饼、饼干、黄油、可可、糖和茶。

厚厚的兜帽遮住了大部分头部，以阻挡寒风

衣服是宽松的，透气性好利于排汗

超大的驯鹿毛皮手套可保护双手

防风外套下面是保暖的衣服。防风外套易于拆卸，可有效防止过热

狗拉雪橇节省了探险者的时间和精力

整装待发

极地探险是十分危险的冒险之旅。英国探险家罗伯特·法尔肯·斯科特花了数年时间为1910年的南极探险做准备，并带上了机动雪橇、小马和狗。即便如此，这次出行还是以失败告终，斯科特和他的团队都在返程途中丧生。

沉船

20世纪初，南极洲是勇敢的探险家们的目标。南极洲是地球上最冷的大陆，也是唯一一个尚未得到充分探索的大陆。1911年，挪威探险家罗尔德·阿蒙森利用滑雪板和狗，成为到达南极点的第一人。英国探险家欧内斯特·沙克尔顿爵士给自己设定了一个不同的目标——穿越南极大陆。

1914年8月，沙克尔顿带领28名船员从英国起航。当他们的"持久"号船被困在威德尔海的浓密冰层中时，船员们被迫等待冰层破裂。然而，船被冰压碎，并在10个月后沉没。船员们弃船而逃，徒步穿过险峻的冰面，并使用"持久"号船上的救生艇到达象岛。沙克尔顿和5名船员在暴风雨中航行了16天，来到最近的有人居住的地方——南乔治亚岛上的一个捕鲸站。船员们最终于1916年8月从象岛获救。

▲ 船上的供水来自用雪橇运到船上的淡水冰

破冰船

结冰是旅游船和运输船在极地海洋面临的主要问题。解决办法是使用（被称为破冰船的）经过特殊加固的船只粉碎冰层，并为其他船只开辟畅通的通道。其巨大的重量、巨大的体积和强大的引擎结合在一起，共同克服北冰洋浮冰的影响。

破冰船可以通过厚达3米的浮冰。

海上贸易

北部海上航线是穿越冰冷的北极水域的重要航道。这条连接欧洲和亚洲的捷径大大缩短了商船的行驶距离，使之成为比其他航线更便宜、更环保的选择。全球变暖可能会使这条航线在今后更加繁忙。

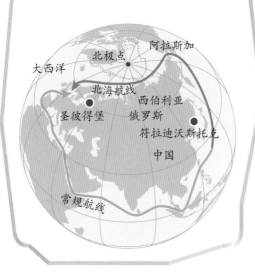

高桥（控制室）可提供清晰的路线视图

破冰船不停地移动，以免卡在冰里

位于船头和船尾的起重机被用来搬运船上的设备和货物

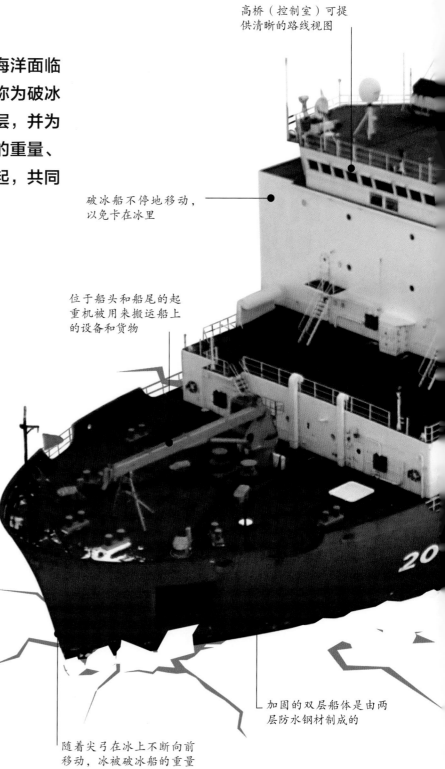

加固的双层船体是由两层防水钢材制成的

随着尖弓在冰上不断向前移动，冰被破冰船的重量压碎

后部的螺旋桨推
动船只前进

救生艇

U. S. COAST GUARD

突破

破冰船有强大的引擎和坚固的船体，可以承受与海冰碰撞的冲击。经破冰船清理危险的冰层后，商船和科研船能够顺利到达目的地。

破冰船的工作原理

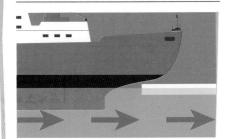

1 破冰船的尖弓（前部）是与浮冰接触的第一个点。

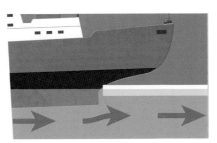

2 该船易于在浮冰上滑行，用其巨大的重量和力量压向冰面。

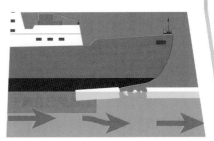

3 冰在船的重量下破裂，在其后方形成一条无冰通道供其他船只使用。

极地考察

　　北极和南极洲设有150多个考察站，来自世界各地的科学家在那里研究南北极的气候、野生动物、地质和夜空。许多考察站是陆地上的永久性建筑，但也有一些是海冰上的临时结构。更多的科学家在船上工作，研究海洋生物以及极地海洋与大气的相互作用方式。极地科学家发现，地球两极的气候变化比地球上其他任何地方都要快。

向下钻取

　　冰芯收集在空心钢钻内，其钻头外侧有螺旋叶片。最初的冰芯是用手动钻取的，但现在用大型机器可钻得更深。俄罗斯科学家2012年在南极洲获得的有史以来最长的冰芯深度为3.8千米，深达40多万年前的冰层。

钢索

钻头内的马达使底部的刀片转动

冰芯

　　北极和南极洲的冰原已有数千年的历史。科学家们可通过钻取深冰芯（圆柱体）并分析冰芯内的微小气泡，来研究远古时期地球的大气环境。

被称为绞盘的电动滚筒通过卷起支撑冰芯的电缆而将冰芯吊起来

在冰上旋转时，螺旋形的刀刃切割冰并向下钻

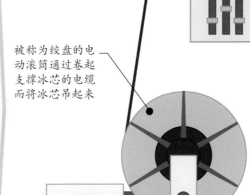

南极旅行

南极洲未铺设道路，所以访客通常乘坐飞机、轮船或能在冰雪上行驶的车辆，如雪地车和拖拉机抵达南极。卡特彼勒D6N是一款经过改装的拖拉机，可在南极冬季低至−51℃的温度下工作。它的履带比车轮更能分散车辆的重量，使其在松软的雪地上移动而不会失去抓地力。

20世纪80年代，科学家在南极发现臭氧层空洞。这导致全世界范围内禁止使用造成地球大气臭氧层空洞的化学物质。

臭氧层

车辆掉进裂缝时，车顶的舱口可用于紧急逃生

宽大的车顶为帐篷提供了支撑，使机舱保持温暖

卡特彼勒的履带可抓握松软的积雪，并可安装金属钉（用于结冰路面使用）

前部的马蹄形吊杆有助于拖拉机穿过裂缝（冰上的深裂缝）

浮动设施

哈雷考察站

南极洲的哈雷考察站坐落在威德尔海的浮冰架上。它由8个模块组成，模块由液压腿支撑，当积雪堆积时，液压腿可将模块举起。如果冰层变得不稳定，液压腿下的滑雪板可以将整个车站拖拽到新的位置。

红色模块包含用于进餐和休闲的公共区域

蓝色模块包含卧室、实验室、办公室和储藏室

气候变化

全球正在变暖，在山区和极地地区，冰正在融化。其主要原因是煤、石油和其他化石燃料燃烧产生能量的同时释放出二氧化碳。二氧化碳像毯子一样环绕着地球，阻止热量逃逸到太空。随着海洋变暖和冰层融化，海平面也随之上升，这对沿海城市造成威胁。而伴随全球变暖，飓风、干旱和野火等极端天气事件可能会变得越来越普遍。

不断变化的世界

自然灾害

海平面上升可能导致海岸侵蚀，导致如上图所示的山体滑坡。酷暑也会导致暴风雨天气和更频繁的飓风。

1979年的北极海冰

衡量气候变化的指标之一是北极海冰消失的方式。这张由卫星数据拍摄的图像显示了1979年夏天的海冰情况。它从格陵兰岛一直延伸到俄罗斯，横跨北冰洋。

自1880年有记录以来，5个最热的年份都是2003年以后出现的。

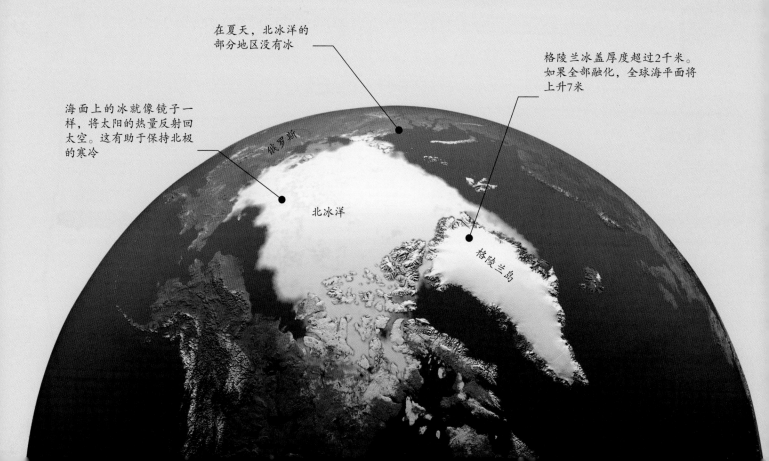

在夏天，北冰洋的部分地区没有冰

格陵兰冰盖厚度超过2千米。如果全部融化，全球海平面将上升7米

海面上的冰就像镜子一样，将太阳的热量反射回太空。这有助于保持北极的寒冷

俄罗斯

北冰洋

格陵兰岛

野生动物

适应特定气候的动物可能被迫迁往新的地区。但是那些生活在最寒冷地方的动物，比如北极熊，却无处可去，有可能会灭绝。

对人类的影响

许多国家都会受到洪水、干旱或极端天气的威胁。如果农民失去庄稼，人们可能会挨饿，村落的法制秩序可能会崩溃，导致大规模移民。

我们能做什么

我们必须减少煤炭、石油或天然气等能源的使用，以减缓气候变化的速度。这意味着降低供暖的温度，减少出行，节约能源。

2012年的北极海冰

自1979年以来，北极海冰覆盖的面积一直在缩小。这张照片显示了2012年夏天海冰的范围，在俄罗斯附近有一大片开阔水域。一些科学家认为，到2030年，冰层可能会完全消失。

北极和南极洲的某些部分正以全球平均速度的2倍升温，使冰原边缘崩塌，并将冰山释放到海里。

极地危机

!

曾经一年四季冰冻的地表正在融化，释放出甲烷气体，从而加速了全球变暖

在夏季，格陵兰岛冰盖边缘的融化速度比以往任何时候都快

融化的海冰揭示了深色的海水吸收了太阳的热量，变得更加温暖，从而阻止了更多海冰的形成

俄罗斯

北冰洋

格陵兰岛

术语表

半透明
几乎但不完全透明。

保护色
动物的皮毛或皮肤的自然颜色或图案，通过融入环境来帮助其隐蔽。

北极光
北半球的一种自然现象，由北极地区夜空中的彩色光带组成。

冰
水冻结成固态。

冰川
沿斜坡逐渐下落的雪经压实而形成的积冰。

冰架
冰川在海上延伸而形成的巨大的、漂浮的、具有平顶的平台。

冰山
从冰川或冰盖上脱落的大块浮冰。

冰屋
由因纽特人建造的、用积雪制成的永久或临时的庇护所。

冰隙/裂隙
山脉或冰川上的大而深的裂缝。

冰爪
一种钉在靴子上的金属板，用于在冰面上行走或在岩石上攀爬。

哺乳动物
一种有毛或毛皮的温血动物，用母乳喂养其后代。

冬眠
使动物在冬季保持不活动状态的长时间深度睡眠。

地衣
由真菌和藻类紧密结合而成的有机体。

动（植）物群落
生活在一起的一群动物或植物。

冻原
极地地区广阔的无树栖息地，冬季结冰，夏季融化。

繁殖
动物生育后代的过程。

孵化
在雏鸟出壳之前，鸟类为保暖而遮盖住其卵的过程。

伏击
掠食者对毫无戒心的猎物发动的突然袭击。

浮冰
海面上大面积漂浮的冰。

浮游生物
悬浮在水中的微小生物。

腐肉
死去动物的肉质遗骸。

隔热
隔绝热的传播。

光合作用
植物利用太阳的光能将水和空气中的二氧化碳结合起来制造食物的过程。

呼吸孔
鲸或海豚头顶上的鼻孔。

化石
岩石中保存的、具有千百万年历史的植物或动物的遗迹。

荒野
地球上无人居住且未受破坏的地区。

基因
来自父母的基本遗传单位，携带在有机体的每一个细胞中，影响或控制有机体外观、发育或功能的某些方面。

角蛋白
一种构成头发、指甲和蹄的蛋白质。

结冰
水在0℃时变成冰的过程。

鲸须
鲸鱼口中的梳状结构，用来从海水中过滤出食物。

鲸脂/海兽脂
动物皮下的一层厚厚的脂肪，能保护动物免受寒冷。

臼齿
位于口腔后部，用于研磨和嚼碎食物的牙齿。

猎物
被捕食者杀死并作为食物的生物。

磷虾
在海洋中的小型动物，经常被鲸类捕食。

掠食者
猎杀其他动物的动物。

门齿
上下颌前方中央部位的牙齿。

木乃伊化
长期保存尸体的一种方式。

南极光
南半球的一种自然现象，由南极地区夜空中的彩色光带组成。

破冰船
可以突破海冰的特殊船只，用于为其他船只开辟无冰航线。

葡萄糖
一种为生物提供能量来源的单糖。

栖息地
特定动物或植物生存的自然环境。

气候变化
一个地区所经历的有代表性的天气变化。

迁徙
动物从一个地区到另一个地区寻找食物或温暖天气的季节性活动。

全球变暖
地球的平均温度逐渐上升的现象。

犬齿
食肉动物（如狗或猫）又大又尖的牙齿。

色素
使机体具有不同颜色的物质。

食草动物
以植物为食的动物。

食腐动物
以动物尸体为食的动物。

食肉动物
以肉为主要食物的动物。

史前
在有书面记载之前的远古时期。

适应
物种进化成更适合其周围环境的过程。

霜
空气中的水蒸气冻结在固体物体上形成的冰晶。

苔藓
一种小型绿色植物，没有花芽或深根。

泰加林
横贯北半球大陆的大片白雪皑皑的针叶林。

探险
一群人有计划地到没有人去过或很少有人去过的艰险地方，通常以研究或探索为目的。

蜕皮
在动物的生命周期中，毛发或皮肤脱落的现象。

无脊椎动物
没有脊柱的动物。

物种
一群可以交配并产生后代的有机体。

雪崩
积雪从山坡上突然崩落下来。

雪面波纹
在极地地区，受风吹影响而在雪地上出现的独特雪脊。

遗传
由一个或多个基因引起或控制的现象。

因纽特人
生活在加拿大格陵兰岛和阿拉斯加的原住民。

隐身
有助于动物捕猎或隐藏的轻柔而隐秘的活动。

永久冻土
终年冰冻的土壤。

游牧/流浪
不断从一个地方漫游到另一个地方的动物或人。

有机体
自然界有生命的生物体的总称，如动物、植物、真菌或细菌。

有蹼的
将脚趾连接在一起的皮瓣。

真菌
一种产孢子的有机体，以腐烂的有机物为食，或寄生在其他有机体上。

祖先
进化成现代物种的古老动物（或植物）物种。

索引

主要条目参见**粗体**页码。

致谢

Dorling Kindersley would like to thank the following people for their assistance with their book: Edward Aves and Francesco Piscitelli for editorial assistance; Jagtar Singh, Vijay Kandwal, Syed Mohammad Farhan and Ira Sharma for design assistance; Simon Mumford for cartography; Alexandra Beeden for proofreading; and Helen Peters for indexing.

Picture Credits

The publisher would like to thank the following for their kind permission to reproduce their photographs:

(Key: a-above; b-below/bottom; c-centre; f-far; l-left; r-right; t-top)

1 Gordon Buchanan. **2–3 Gordon Buchanan**. **5 Alamy Stock Photo:** Ray Wilson (crb). **8–9 Jason Roberts**. **10–11 Alamy Stock Photo:** All Canada Photos (tc). **Florian Ledoux**. **10 Alamy Stock Photo:** DPK-Photo (bc). **Florian Ledoux**. **11 Alamy Stock Photo:** Ashley Cooper pics (ca); Andrew Unangst (br). **Daisy Gilardini:** (bc). **Florian Ledoux**. **12–13 Gordon Buchanan**. **Depositphotos Inc:** ivn3da (background). **14–15 Kirsty Pargeter Vecteezy.com:** (ice texture). **Science Photo Library:** Mikkel Juul Jensen. **15 Alamy Stock Photo:** Stocktrek Images, Inc. (ca). **Dorling Kindersley:** Simon Mumford (bl). **Science Photo Library:** Mikkel Juul Jensen (crb). **16–17 Getty Images:** Jean-Pierre Bouchard.
17 Alamy Stock Photo: SPUTNIK (tc). **18 Getty Images:** DEA / G. DAGLI ORTI (clb). **18–19 Alamy Stock Photo:** Heritage Image Partnership Ltd.
20–21 Dreamstime.com: Junichi Shimazaki.
21 Alamy Stock Photo: ITAR-TASS News Agency (tl). **Dorling Kindersley:** Gary Ombler / The Walled Garden, Summers Place Auction House (crb).
22 Alamy Stock Photo: Alexander Shuldiner (tl).
22–23 Roman Uchytel. **24–25 Roman Uchytel**.
25 Alamy Stock Photo: Q-Images (bc). **26–27 Roman Uchytel**. **28 Alamy Stock Photo:** Hemis (bl).
28–29 James Kuether. **30 Alamy Stock Photo:** Panther Media GmbH (clb). **30–31 Alamy Stock Photo:** dotted zebra. **31 Alamy Stock Photo:** John Cancalosi (tc). **naturepl.com:** Ole Jorgen Liodden (cra). **32–33 Gordon Buchanan**. **Depositphotos Inc:** ivn3da (background). **34 Alamy Stock Photo:** ton koene (crb). **Daisy Gilardini:** (cl). **35 Alamy Stock Photo:** imageBROKER (cb); Stocktrek Images, Inc. (cla). **naturepl.com:** Eric Baccega (bc). **37 Getty Images:** Ashley Cooper (bl); Kevin Schafer (bc); Education Images (br). **38–39 Getty Images:** Paul Harris. **40 Alamy Stock Photo:** imageBROKER (cla). **Thomas Kitchin & Victoria Hurst:** (clb). **naturepl.com:** Guy Edwardes (cra). **40–41 Alamy Stock Photo:** Andrew Wilson (tc). **41 Alamy Stock Photo:** All Canada Photos (cr); Hilda DeSanctis (c); David Whitaker (cb); Bob Gibbons (bl). **Getty Images:** (cla). **naturepl.com:** Laurie Campbell (br). **42 Alamy Stock Photo:** Minden Pictures (bl); Andrew Wilson (cr); National Geographic Image Collection (cl). **42–43 Alamy Stock Photo:** Laszlo Podor (bc). **43 Alamy Stock Photo:** AidanStock (cra); blickwinkel (br). **naturepl.com:** Colin Monteath (cl). **44–45 Alamy Stock Photo:** mauritius images GmbH (c); Geoff Smith (ca). **44 Alamy Stock Photo:** Bill Coster (cb); Universal Images Group North America LLC / DeAgostini (c); Irina Vareshina (br). **iStockphoto.com:** gubernat (clb). **45 Alamy Stock Photo:** Ray Bulson (cl); louise murray (crb). **iStockphoto.com:** Iri_sha (br). **Dr Roger S. Key:** (bl). **46 Alamy Stock Photo:** Dennis Jacobsen (ca, cra). **Dreamstime.com:** Steve Byland (cla); Alexey Pevnev (clb); Aleksey Suvorov (br). **naturepl.com:** Chris Gomersall (cb). **47 Alamy Stock Photo:** blickwinkel (bl); FLPA (br). **Dreamstime.com:** Caglar Gungor (tl); Maria Itina (cb). **naturepl.com:** Philippe Clement (clb). **48–49 naturepl.com:** Juan Carlos Munaz. **49 Getty Images:** Stefan Christmann (crb). **50 Alamy Stock Photo:** CTK (cb). **naturepl.com:** Nick Garbutt (cra); Dong Lei (cl); Gavin Maxwell.
51 Alamy Stock Photo: Universal Images Group North America LLC / DeAgostini (tr). **naturepl.com:** Francois Savigny (br); Konrad Wothe (cla); Konrad Wothe (cl). **52 Alamy Stock Photo:** Dominique Braud / Dembinsky Photo Associates (bc); Cindy Carlsson (cb). **Getty Images:** (ca). **Wikipedia:** Remi Jouan (cr). **53 Alamy Stock Photo:** Roy Childs (bl); Henri Koskinen (cr). **Getty Images:** (cra). **Science Photo Library:** Kenneth M. Highfill (crb). **Wikipedia:** Richard Fabi (cla); Jared Stanley (br).
54 Alamy Stock Photo: imageBROKER (cl); Ray Wilson (tr). **Shutterstock:** David Osborn (clb); Tarpan.
54–55 naturepl.com: Colin Monteath (bc). **55 Alamy Stock Photo:** Roger Clark (fcl); Zoonar GmbH (c); Keren Su / China Span (clb); Mark Weidman Photography (br). **naturepl.com:** Tui De Roy (tc).
56–57 Wikipedia: NSF / Josh Landis.
58 Alamy Stock Photo: Sabena Jane Blackbird (cra); World Travel Collection (crb); louise murray (br). **naturepl.com:** Bryan and Cherry Alexander (clb); Ingo Arndt (c). **59 Alamy Stock Photo:** age fotostock (ca).
60–61 BAS: Pete Bucktrout. **61 Getty Images:** Stefan Christmann (crb). **62–63 Alamy Stock Photo:** Steven J. Kazlowski. **63 123RF.com:** Geoffrey Whiteway (cr). **Alamy Stock Photo:** Radharc Images (tr). **Florian Ledoux:** (crb). **64–65 naturepl.com:** Yva Momatiuk & John Eastcott. **65 naturepl.com:** Andy Rouse (br). **66–67 Gordon Buchanan. Depositphotos Inc:** ivn3da (background).
68–69 naturepl.com: Tony Wu. **69 Getty Images:** Jenny E. Ross (crb). **naturepl.com:** Klein & Hubert (cra). **70–71 naturepl.com:** Steven Kazlowski.
71 Alamy Stock Photo: AGAMI Photo Agency (cra); GM Photo Images (cr). **naturepl.com:** Steven Kazlowski (crb). **72–73 Shutterstock:** andy morehouse. **74–75 naturepl.com:** Michio Hoshino. **74 naturepl.com:** Richard Kirby (clb). **76–77 Getty Images:** Doug Lindstrand / Design Pics. **77 Getty Images:** Ben Cranke (cra). **naturepl.com:** Wild Wonders of Europe / Munier (c). **78–79 Getty Images:** Jim Cumming. **80 Alamy Stock Photo:** imageBROKER (bc). **naturepl.com:** Morten Hilmer (cl).
80–81 Alamy Stock Photo: Our Wild Life Photography. **81 Getty Images:** Jim Brandenburg / Minden Pictures (br). **82 Alamy Stock Photo:** All Canada Photos (bl); André Gilden (bc); Kostya Pazyuk (br). **Getty Images:** Steven Kazlowski (cl).
83 Getty Images: Matthias Breiter / Minden Pictures.
84 Getty Images: Robert Postma.
85 Alamy Stock Photo: Robert McGouey / Wildlife (bl); Prisma by Dukas Presseagentur GmbH (bc); Minden Pictures (br). **Getty Images:** Joel Sartore (c). **86–87 Alamy Stock Photo:** Abeselom Zerit.
87 Alamy Stock Photo: Avalon / Photoshot License (crb); Danita Delimont (cr). **Dorling Kindersley:** Wildlife Heritage Foundation, Kent, UK (bc). **naturepl.com:** Gavin Maxwell (cra). **88–89 Alamy Stock Photo:** Juniors Bildarchiv GmbH. **89 Alamy Stock Photo:** All Canada Photos (tl); Stocktrek Images, Inc. (tr). **naturepl.com:** Gerrit Vyn (tc). **90–91 naturepl.com:** Kerstin Hinze. **91 Alamy Stock Photo:** Michelle Gilders (crb); MichaelGrantBirds (cra); Zoonar GmbH (cr). **92–93 Alamy Stock Photo:** Kevin Schafer. **92 Alamy Stock Photo:** Derren Fox (c). **Getty Images:** Paul Nicklen (bl). **naturepl.com:** E.J. Peiker (tr).
94–95 naturepl.com: David Tipling. **95 Alamy Stock Photo:** AGAMI Photo Agency (bl); Karen van der Zijden (cl); All Canada Photos (cr); Arco Images GmbH (br). **96 Alamy Stock Photo:** Design Pics Inc (cla); Minden Pictures (tc); Dmytro Pylypenko (c).
Depositphotos Inc: mikeland45 (br). **naturepl.com:** Andy Rouse (cra). **Shutterstock:** Jo Crebbin (tr); Jo Crebbin (cl). **97 Alamy Stock Photo:** Arterra Picture Library (crb); Minden Pictures (cra); Vasiliy Vishnevskiy (bl). **Depositphotos Inc:** lifeonwhite (c). **Getty Images:** Sjoerd Bosch (tl). **naturepl.com:** Paul Hobson (tr). **Shutterstock:** BMJ (cr); polarman (clb).
98–99 Dorling Kindersley: Dreamstime.com: Vladimir Melnik / Zanskar.
98 Alamy Stock Photo: All Canada Photos (c).
100–101 naturepl.com: Tony Wu. **101 Getty Images:** Paul Nicklen (bl). **102–103 naturepl.com:** Hiroya Minakuchi. **102 naturepl.com:** Tui De Roy. **103 Alamy Stock Photo:** Accent Alaska.com (tr). **104 Dorling Kindersley:** Dreamstime.com: Jan Martin Will (cra). **Dreamstime.com:** Andreanita (bc); Jan Martin Will (cla); Isselee (c); Nyker1 (crb).
105 Alamy Stock Photo: Galaxiid (bc). **Dorling Kindersley:** 123RF.com: Dmytro Pylypenko / pilipenkod (fcl). **Dreamstime.com:** David Dennis (cr); Sergey Korotkov (cla); Richard Lindie (ca); Isselee (cl); Jason Ondreicka (br). **106 Alamy Stock Photo:** Stocktrek Images, Inc. (bl). **106–107 Alamy Stock Photo:** Vladimir Seliverstov. **108 Alamy Stock Photo:** AGAMI Photo Agency (cla); Philip Mugridge (cra); Science History Images (c).
Shutterstock: Sergey 402 (tc); vladsilver (bc).
109 Alamy Stock Photo: imageBROKER (ca); Papilio (bl). **Shutterstock:** Enrique Aguirre (cra); Volodymyr Goinyk (cl). **110 Alamy Stock Photo:** Doug Perrine (bc). **110–111 SeaPics.com:** Saul Gonor (c); Saul Gonor (bc). **111 SeaPics.com:** Saul Gonor (t). **112 naturepl.com:** Kathryn Jeffs (cl).
112–113 Alamy Stock Photo: Panther Media GmbH. **113 Alamy Stock Photo:** Benny Marty (cr). **114 naturepl.com:** Flip Nicklin (bc).
114–115 National Geographic Creative: Paul Nicklen. **116–117 Alamy Stock Photo:** Paul Souders.
117 Alamy Stock Photo: Minden Pictures (bc). **naturepl.com:** Hiroya Minakuchi (c). **118–119 Getty Images:** Eastcott Momatiuk. **120 Alamy Stock Photo:** Minden Pictures (cla); KEN VOSAR (tr); robertharding (c); Nature Picture Library (bl). **120–121 Alamy Stock Photo:** WaterFrame.
121 Alamy Stock Photo: robertharding (cr); Wildestanimal (cla); RooM the Agency (cra).
122 Alamy Stock Photo: blickwinkel (tc); Minden Pictures (tl); Zoonar GmbH (cl); YAY Media AS (bl); Juniors Bildarchiv GmbH (br); YAY Media AS (cra).
Getty Images: Aurora Photos (c). **Catherine W. Mecklenburg:** (tr). **123 Alamy Stock Photo:** Andrey Nekrasov (bc). **Peter Leopold:** (cla). **Catherine W. Mecklenburg**. **naturepl.com:** David Shale (cb).
124–125 Wikipedia: Brian Gratwicke. **124 Brett Amy Thelen:** (clb). **126 Erwan AMICE:** (br). **NOAA:** Monterey Bay Aquarium Research Institute (cr).
Science Photo Library: British Antarctic Survey (cra).
127 Alamy Stock Photo: imageBROKER (tr); Minden Pictures (tl); WaterFrame (clb); Minden Pictures (c); Stocktrek Images, Inc. (cra). **Stacy Kim:** (bl). **128–129 Gordon Buchanan. Depositphotos Inc:** ivn3da (background). **130 Getty Images:** Gordon Wiltsie. **131 Alamy Stock Photo:** Cavan Images (crb); robertharding (tc); imageBROKER (cr). **132–133 naturepl.com:** Bryan and Cherry Alexander. **132 naturepl.com:** Bryan and Cherry Alexander (bl); Bryan and Cherry Alexander (bc); Bryan and Cherry Alexander (br). **134–135 Joel Heath / peopleofafeather.com**.
136 Alamy Stock Photo: imageBROKER (cr); TCD / Prod.DB (cb); Keystone Press (crb). **Chris Bonington:** (clb).
137 Alamy Stock Photo: Image Source Plus.
138–139 Dorling Kindersley: Geoff Brightling / Scott Polar Research Institute, Cambridge.
139 Alamy Stock Photo: Archivart (b); The Picture Art Collection (br). **Getty Images:** Stock Montage (cr).
140–141 Alamy Stock Photo: Granger Historical Picture Archive. **141 Alamy Stock Photo:** Everett Collection Inc (bl). **142 Alamy Stock Photo:** Everett Collection Inc (cr). **143 Alamy Stock Photo:** Chronicle (cl); IanDagnall Computing (tr).
naturepl.com: Michel Roggo (cr). **144 Alamy Stock Photo:** 914 collection (cb); The Print Collector (cl); The Print Collector (c); Sean Smith (cr); The Print Collector (clb); The Print Collector (crb).
145 akg-images. **146 Getty Images:** Scott Polar Research Institute, University of Cambridge (clb).
146–147 Getty Images: Scott Polar Research Institute, University of Cambridge. **148–149 Alamy Stock Photo:** US Coast Guard Photo. **150 Getty Images:** Carsten Peter / National Geographic (tl). **152 Alamy Stock Photo:** robertharding (cra); Science History Images (bc). **153 Alamy Stock Photo:** Robert Matton AB (cra); Science History Images (bc). **naturepl.com:** Bryan and Cherry Alexander (ca); Eric Baccega (cla)

All other images © Dorling Kindersley
For further information see: www.dkimages.com